非饱和土的本构关系及数值实现

李吴刚　著

合肥工業大學出版社

图书在版编目（CIP）数据

非饱和土的本构关系及数值实现/李吴刚著．—合肥：合肥工业大学出版社，2022.8
ISBN 978-7-5650-5427-3

Ⅰ.①非…　Ⅱ.①李…　Ⅲ.①非饱和—土力学—本构关系—研究　Ⅳ.①TU43

中国版本图书馆 CIP 数据核字（2021）第 186561 号

非饱和土的本构关系及数值实现

李吴刚　著　　　责任编辑　马栓磊

出　版	合肥工业大学出版社	版　次	2022 年 8 月第 1 版
地　址	合肥市屯溪路 193 号	印　次	2022 年 8 月第 1 次印刷
邮　编	230009	开　本	710 毫米×1010 毫米　1/16
电　话	出版中心：0551-62903120	印　张	10
	营销中心：0551-62903198	字　数	180 千字
网　址	www.hfutpress.com.cn	印　刷	安徽昶颉包装印务有限责任公司
E-mail	hfutpress@163.com	发　行	全国新华书店

ISBN 978-7-5650-5427-3　　　定价：68.00 元

如果有影响阅读的印装质量问题，请与出版社营销中心联系调换。

前　　言

非饱和土广泛存在于自然界中，在实际工程中绝大多数土体也处于非饱和状态，所以对非饱和土理论的研究非常重要。目前对土力学的计算基本采用太沙基(Karl von Terzaghi)有效应力原理，然而该理论容易造成研究对象和理论计算的不一致，笔者以为造成这一现象的原因有以下几点：(1) 太沙基有效应力原理发展完备，理论简单，试验方法便捷；(2) 非饱和土理论体系不完善，现已提出的理论在实际应用时与饱和土理论相比复杂很多；(3) 非饱和土的试验设备昂贵。这些因素都限制了非饱和土理论的发展和应用，所以非饱和土理论在实际工程中并未得到广泛的应用，这也限制了非饱和土理论的发展。但是，一方面有些实际工程问题是无法采用传统的饱和土理论解决的，如降雨条件下土质边坡的稳定性、地下水位改变对基础的影响等等，这也是非饱和土理论近年来能够得到不断发展的原因之一。另一方面，土力学理论的发展也需要不断地对非饱和土深入研究。从 Fredlund 和 Morgenstern 提出双应力变量，到 Alonso 等提出了第一个比较完整的非饱和土弹塑性本构模型，近些年来，非饱和土理论得到了长足的发展。

本书围绕非饱和土的试验、本构关系与数值算法等方面展开论述，主要内容包括：

(1) 从非饱和膨胀土的膨胀机理出发，提出了非饱和膨胀土的宏观结构中性加载屈服面，推导了宏观结构中性加载屈服面方程和非饱和膨胀土发生塑性膨胀变形时的体变方程，建立了宏观尺度的非饱和膨胀土的本构关系。

（2）基于非饱和土水力-力学耦合的现象，推导了水力-力学耦合的非饱和土的本构关系，同时也给出了固-液-气三相耦合的控制方程，能够有效预测不排水条件下非饱和土的力学与变形特性，结合下负荷面模型，建立了超固结状态下的非饱和土的本构关系。

（3）针对非饱和土的水力-力学耦合现象，开展了饱和度恒定条件下的非饱和土试验，对饱和度恒定条件下的非饱和土的力学性质进行了初步探究。

由于笔者水平所限，书中难免有不足和欠妥之处，恳请读者予以批评指正。

李吴刚

2021年9月

目　录

1 绪　论

1.1 研究背景与研究意义

非饱和土广泛分布于自然界中，即使在海洋里，海底沉积土也会由于天然水合物因温度和压力变化分解出气体而变为非饱和状态。近年来，我国的经济发展取得了举世瞩目的成果，为保障国家经济可持续发展，国家在基础设施建设上投入了巨大的人力、物力和财力。2016 年末，我国铁路营业里程达到 12.4 万公里，高铁营业里程超过 2.2 万公里，全国铁路网密度达到 129.2 公里 / 万平方公里，全国公路总里程为 469.6 万公里，公路网密度达到 48.9 公里 / 百平方公里[1]。截至 2020 年底，全国高速铁路营业里程达 3.8 万公里，高速铁路网覆盖 94.7% 的 100 万以上人口城市，根据 2016 年公布的《中长期铁路网规划》[2]，预期至 2025 年，全国铁路网里程将达到 20 万公里左右，其中高速铁路里程将达到 4.5 万公里左右。大规模的基础设施建设为国家的经济发展奠定了坚实的基础，同时也对土力学提出了更多亟待解决的问题。地球表面广泛覆盖着由地表岩石经亿万年风化和生物活动所形成的物质 —— 土，大量的基础设施如公路、铁路、机场跑道等都修建于地表土层之上，这些基础设施在长期使用过程中的稳定性与土体的性质密切相关。随着 20 世纪以来各种大型工程的兴建，学者开始对土进行系统的研究，1923 年，太沙基(Karl von Terzaghi)[3] 针对饱和土提出了有效应力原理，土的有效应力为土体受到的总应力减去孔隙水压力，有效应力原理是固结理论和抗剪强度理论的基础[4]，太沙基有效应力原理的提出使得土力学发展成为一门独立的学科[5]。

太沙基有效应力原理解决了在工程实践中遇到的很多关于饱和土的难题，取得了巨大的成功，成了土力学的基础。有效应力原理适用于饱和土，而自然界中广泛分布的非饱和土不能使用该原理，大大局限了该原理的应用范围。人类修建的大型基础设施基本都修建于非饱和土层之上，非饱和土不同于饱和土，是由土颗粒、水和空气组成三相混合物。由于水气交界面收缩膜的作用，土体产生了基质吸力，基质吸力的产生使得非饱和土的力学性质复杂多变，难以预测，例如：路堤填筑工程中孔隙气的存在使得经典饱和土理论难以预测路堤的变形；半干旱地区的黄土吸水后发生湿陷现象；非饱和膨胀土吸水后发生塑性膨胀。

土体由饱和状态变为非饱和状态的过程中，土体的力学性质会发生巨大的变化。在现阶段，工程实践中遇到的很多与非饱和土相关的问题在设计和施工时常采用饱和土的理论解决，造成这种情况的主要原因有：其一，非饱和土变为饱和土后强度普遍降低，采用饱和土的理论进行设计会使结构偏于安全；其二，非饱和土的理论尚不完善，非饱和土是由土颗粒、孔隙水和孔隙气组成的三相混合物，这三相之间的相互作用与饱和土中土颗粒和孔隙水之间的二相作用相比要复杂很多，使得对非饱和土的研究与饱和土相比要困难。随着实验技术的发展，国内外学者在 20 世纪 70 年代将土力学的研究重点转向非饱和土领域，采用净应力和基质吸力作为双应力变量，形成了较为完整的非饱和土理论[6]。在双变量理论中常采用基质吸力与净应力作为两个独立的应力变量，描述非饱和土的力学性质，然而 Wheeler 等[7] 的研究表明，在相同的基质吸力条件下饱和度的不同也会对非饱和土的力学特性产生显著的影响，这是因为非饱和土是由土、水和气三相组成的孔隙介质材料，表现出强烈的水力-力学耦合的效应[8-11]，由于非饱和土的土水特征曲线滞回现象[12-16] 的存在，仅考虑基质吸力的影响而忽视饱和度或含水率的变化对土体力学特性的影响是不完善的。深入研究非饱和土的力学性质，建立非饱和土的本构模型是土力学发展的需要，也可为国家当前大规模的基础设施建设提供更为科学的设计和施工依据。

1.2 非饱和土的力学特性研究现状

1.2.1 非饱和土的应力状态变量

由于太沙基有效应力原理在饱和土中取得了巨大的成功，早期研究非饱和土

的学者尝试寻找可以描述非饱和土应力状态的单应力状态变量，并提出了 Bishop 有效应力公式[17]，其表达式为

$$\sigma'_{ij}=(\sigma_{ij}-u_{a}\delta_{ij})+\chi(u_{a}-u_{w})\delta_{ij} \tag{1-1}$$

式中，σ_{ij} 为总应力张量；u_a 为孔隙气压；u_w 为孔隙水压；χ 为关于饱和度的函数；δ_{ij} 为克罗内克（Kronecker）符号。在使用 Bishop 有效应力原理预测非饱和土的力学性质时遇到的不同困难表明，非饱和土的变形特性与 Bishop 有效应力之间不存在单一的对应关系[18-19]。采用单应力变量在非饱和土研究中遇到的困难使得学者开始寻找其他方式描述非饱和土的应力状态，不同于采用单应力变量描述非饱和土的应力状态，采用两个应力变量描述非饱和土的应力状态的方法称为双变量理论，最常采用的是将净应力和基质吸力作为两个独立的应力变量描述非饱和土的应力状态。Fredlund 和 Morgenstern[20]采用净应力和基质吸力作为应力状态变量预测了非饱和土的变形特性，并与试验结果进行了对比，取得了较理想的效果。Fredlund 和 Morgenstern[21]在连续介质力学的基础上对非饱和土的应力状态进行分析后指出，在 $\sigma_{ij}-u_a\delta_{ij}$，$(u_a-u_w)\delta_{ij}$，$\sigma_{ij}-u_w\delta_{ij}$ 这三个应力变量中，任意两个变量就可以决定非饱和土的应力状态，并通过零位试验验证了该结论。

Houlsby[22]从功共轭的角度出发，认为输入土单元的功率是应力和与其共轭的应变率的乘积总和，并在这个假设的基础上推导了非饱和土的应力变量，Houlsby 认为非饱和土的应力状态变量由有效应力$(\bar{\sigma}_{ij}+S_r s\delta_{ij})$和修正吸力 $ns\delta_{ij}$ 组成，其中 $\bar{\sigma}_{ij}$ 为净应力，S_r 为饱和度，s 为吸力，n 为孔隙率。Li[23] 在热力学的基础上，根据功、能量、耗散之间的关系，推导了非饱和土的应力状态变量，得到的结论与 Houlsby 的相同。赵成刚等[24-25] 基于孔隙介质理论推导了非饱和土的功能平衡关系，指出完备的非饱和土的应力变量应由三项组成，除有效应力和修正吸力外，孔隙气压是非饱和土的第三个应力状态变量。

1.2.2 非饱和土的变形特性与强度试验研究

非饱和土的变形、强度和含水率之间的关系是建立非饱和土本构模型前需要研究的核心问题。在实验室中进行非饱和土试验，首先需要能够精确控制基质吸力，随着轴平移技术[26] 的提出，这个难题迎刃而解。在过去的几十年中，学者

研究了基质吸力或含水率对非饱和土力学性质的影响[27-28]，在非饱和土研究的早期，以 Bishop 单应力变量抗剪强度公式[29]和 Fredlund 双应力变量抗剪强度公式[27]为代表，学者尝试建立适用于非饱和土的抗剪强度公式。近年来，吸力对非饱和土应力-应变关系曲线的影响成为研究的重点。

由于水分的流失，饱和土由饱和状态变为非饱和状态的一个显著的特点是土体会变硬[30]。非饱和土的另一个显著特点是在高应力状态下，吸水后基质吸力的降低可能会使土体发生不可恢复的湿陷变形，在一定的应力范围内，非饱和土发生的湿陷变形量与外荷载存在一定的关系，应力越大湿陷变形量也越大[31-35]，随着应力的继续增大，湿陷变形量达到峰值，随后湿陷变形量会随着外荷载的增大而减小[36-39]。若试样的初始吸力值较大，在基质吸力卸载的过程中，土样会发生弹性回弹再发生湿陷[40]。以上的研究确认了吸力对非饱和土的变形特性有显著影响。随着对非饱和土研究的深入，学者发现饱和度也会对非饱和土的变形特性产生影响[7]。非饱和土的变形特性与试样的初始状态、当前的应力水平、基质吸力、应力历史有关，是一个复杂的水力-力学耦合的问题，细致深入地研究非饱和土的变形特性是建立非饱和土本构模型的基础。

1996 年，Cui 和 Delage[41]利用半渗透技术研制出了非饱和土三轴仪，并利用该设备详细地研究了具有不同基质吸力的非饱和风积土的应力-应变关系。试验结果表明：吸力对非饱和土的应力-应变关系有显著的影响，吸力的升高会使非饱和土压缩曲线的斜率$\lambda(s)$减小，这样的结论符合直观的认识，即土样失水后会难以压缩；吸力也会对非饱和土试样产生预固结效应，预固结作用随着吸力的升高而增强，若试样的吸力大于初始吸力，吸力的升高会使得屈服面向外扩张。

2000 年，Rampino 等[42]在 0～400 kPa 吸力范围内对压实的非饱和土试样进行了压缩试验和三轴剪切试验。压缩试验研究表明当基质吸力在 0～100 kPa 范围内时，吸力对压缩系数和预固结压力的影响最明显；三轴剪切试验表明在基质吸力恒定的条件下，试样的含水率会因试样发生变形而变化，试样压缩时含水率降低，试样膨胀时含水率升高，并且非饱和土临界状态线的斜率与吸力相关。

2000 年，Sivakumar 和 Wheeler[43-44]研究了击实功、含水率和击实方法对非饱和高岭土力学性质的影响。试验结果表明：击实功主要通过改变非饱和土的初始状态对非饱和土的力学性质产生影响，而含水率主要通过改变高岭土试样的孔隙结构对非饱和土的力学性质发挥影响。击实含水率在最优含水率的左侧，试样的孔隙结构分布曲线形态为双峰形态；击实含水率在最优含水率的右侧，试样的孔隙结构会比较均一。试样虽然都由相同的高岭土组成，但由于孔隙结构的巨大区别，可将两种孔隙结构的试样认为由两种不同材料构成。而静力压实、动力击实两种制样方法对非饱和高岭土试样的力学性质不会产生显著的影响。

2004 年，Sun 等[35] 详细研究了非饱和珍珠土的湿陷特性，研究结果表明：非饱和珍珠土的湿陷体积主要与试样的初始密实度和平均净应力有关，而与基质吸力的大小无关，且当平均净应力较小和平均净应力较大时，试样的湿陷变形量都较小；而当吸力卸载时，击实含水率在最优含水率左侧的试样能发生较大的湿陷变形，击实含水率在最优含水率右侧的试样发生的湿陷变形较小，这与 Sivakumar 和 Wheeler [43]的结论相符。Sun 等[35] 也对非饱和珍珠土的水力-力学耦合的性质进行了研究，试验结果表明：非饱和土的土水特征曲线与试样的密实度相关，与试样的应力状态无关，在吸水湿陷的过程中，试样的土水特征曲线随着孔隙比的减小向上移动。

非饱和土试样中的孔隙水可通过高进气值陶土板上的微孔隙，而气体由于水气交界面处收缩膜的存在不能通过微孔隙，对非饱和土进行试验时常对试样施加较高的气压力进行基质吸力平衡，空气在较高的气压力作用下会溶解于水后通过陶土板上的微孔隙，通过微孔隙后溶解于水中的空气由于气压力的降低又从水中析出，积聚在陶土板的底部，造成排水体积的测量误差。Sun 等[45] 在试验装置上加装了冲刷系统以减小底部积聚的气体对试验结果产生的影响，并用改进的设备研究了吸力历史对非饱和珍珠土的水力特性和应力-应变关系的影响，首先将试样的基质吸力由 150 kPa 分别加载至 300 kPa 和 450 kPa，随后再将基质吸力卸载至 150 kPa，在吸力平衡后再对试样进行三轴剪切试验。试验结果表明：在相同的轴向应变下，应力历史上吸力较大的试样的剪应力较大而体应变较小；若应力历史上试样的最大吸力大于残余吸力，过高的吸力会对试样的孔隙结构产生破坏作用导致微裂缝的产生，所以在相同的轴向应变下，应力历史上最大吸力大于残余吸力的试样的剪应力较小。

Rahardjo 等[46] 研究了非饱和风积土在排水条件下和恒定含水率条件下的剪切性质，试验结果表明：若基质吸力与净围压的比值较大，非饱和土的应力-应变曲线的特征与超固结土的应力-应变曲线的特征相似，试样先发生应变硬化，达到峰值强度后试样发生应变软化和体胀；若基质吸力与净围压比值较小，非饱和土试样的应力-应变曲线的特征与正常固结土应力-应变曲线的特征相似；对于含水率恒定的三轴剪切试验，试样的基质吸力会随着轴向应变的增加而减小，基质吸力的增量与初始基质吸力有关，若试样的初始基质吸力较小，在剪切试验结束时基质吸力增量也较小。

Estabragh 和 Javadi[47]研究了超固结低塑性非饱和粉土的临界状态。在吸力平衡后试样的平均净应力先增加至 550 kPa，随后卸载以得到具有不同初始超固结比的试样，在三轴剪切的过程中，重度超固结的非饱和土试样的力学性质与超固结饱和土的力学性质类似，而轻度超固结的非饱和土试样在剪切过程中试样的体积减小，且不发生剪胀现象；当平均净应力大于 950 kPa 时，基质吸力对非饱和土的抗剪强度无显著的影响，并且在临界状态下非饱和土的孔隙比和平均净应力的关系曲线是相互平行的，与在临界状态下饱和土的孔隙比和平均净应力的关系曲线不平行[47]。

2009 年，张芳枝和陈晓平[48] 在不同吸力水平下对非饱和黏土进行了压缩试验，试验结果表明：非饱和土的压缩系数随着吸力增大而减小，但当吸力超过某一定值时，吸力对非饱和土的压缩系数的影响显著减小，并且在高吸力水平时，在不同的吸力条件下非饱和土的压缩曲线无显著差异。

2010 年，曹玲等[49] 对非饱和土试样进行了恒荷载试验，试验结果表明：在基质吸力相同的条件下，吸湿过程中非饱和土的抗剪强度大于脱湿过程中非饱和土的抗剪强度，相同基质吸力条件下抗剪强度的差异表明吸力不是控制非饱和土抗剪强度的唯一变量，饱和度对非饱和土的抗剪强度也有显著的影响。

2011 年，姚仰平等[50] 研究了超固结比对非饱和土湿陷特性的影响，在恒定基质吸力(200 kPa)的条件下将非饱和土试样的平均净应力增加至 700 kPa，随后将围压分别卸载至 100 kPa 和 400 kPa，最后在围压恒定的条件下卸载试样的基质吸力，围压为 100 kPa 的试样在基质吸力卸载的过程中发生膨胀，而围压为 400 kPa 的试样在基质吸力卸载的过程中发生湿陷，姚仰平等认为吸湿过程中非饱和土试样发生湿陷或体胀是由吸湿过程中吸力卸载作用和材料弱化作用共同决定的。

2013 年，张俊然等[51] 研究了干湿循环对非饱和土力学性质的影响，认为干湿循环后的试样由于前期经历过较大的吸力使试样处于超固结状态，所以在相同的条件下，经过干湿循环的试样的抗剪强度高于未经过干湿循环的试样的抗剪强度。刘文化[52]认为干湿循环后非饱和土的抗剪强度由体积压缩和微裂隙开展共同决定。

2014年，Burton等[53]详细研究了饱和度对纽卡斯尔西部的Maryland非饱和黏土的力学性质的影响，对非饱和土试样分别进行了吸力恒定和含水率恒定的压缩试验，试验结果表明：当吸力较低时，非饱和土的压缩曲线的斜率是饱和度的函数，表明当饱和度较大时，可采用饱和度作为非饱和土本构模型的状态变量，而当吸力较大时，压缩曲线的斜率与饱和度无明显相关性。

2014年，Haeri等[54]研究了在净应力恒定的条件下基质吸力降低过程中非饱和风积黄土的湿陷特性和基质吸力恒定的条件下净围压升高过程中非饱和风积黄土的压缩特性，试验结果表明：在外部荷载的作用下，非饱和土试样体积的减小会使试样的饱和度升高，在基质吸力恒定的条件下净围压升高时非饱和风积黄土的湿陷变形量大于在净围压恒定的情况下基质吸力降低时非饱和风积黄土的体变量。

2016年，Ng等[55]对原状黄土和重塑黄土在不同温度、不同吸力条件下的力学特性进行对比发现：吸力的增大能够提高原状样和重塑样的抗剪强度，对于原状黄土试样，黏粒集聚在土颗粒间的接触位置处，而重塑黄土试样中的黏粒则形成黏粒集聚体，所以原状黄土有更高的抗剪强度；温度对原状样和重塑样的影响并不相同，对于原状样，温度升高会降低试样的抗剪强度，而对于重塑样，温度升高能提高试样的抗剪强度。

以上文献对影响非饱和土力学性质的各种因素，如基质吸力、初始含水率、孔隙结构、制样方法和温度等，进行了详细的分析。非饱和土是固、液、气组成的三相混合物，由于水力滞回现象的存在，在基质吸力相同的条件下，非饱和土具有不同的饱和度。作为衡量孔隙水在土体孔隙中所占比例的最直接的指标，饱和度对非饱和土力学性质的影响还未得到系统地研究，特别是关于在饱和度恒定条件下的非饱和土的力学性质的文献更是鲜有发表。深入研究饱和度对非饱和土力学性质的影响，对建立完善的非饱和土本构关系是大有裨益的。

1.3 土水特征曲线研究现状

非饱和土是由固相、液相和气相组成的三相混合物，水气交界面处由于表面张力的作用形成收缩膜，使得非饱和土中出现负孔隙水压，收缩膜的性质既不同于液相也不同于气相，所以非饱和土也可以称为四相混合物。孔隙气压减去孔隙水压得到的压力值定义为基质吸力($u_a - u_w$)，目前已有大量的研究成果表明基质吸力对非饱和土的变形和抗剪强度有重要的影响[56-57]。吸力的概念最早是土壤学为研究水分在植被下的运移而提出的[58-60]，在20世纪60年代，Bishop[29]将土壤学中吸力的概念引入非饱和土力学中，研究土中含水率的变化对非饱和土力学性质的影响。保持水分的能力是土体的基本性质之一，可通过含水率(或饱和度)与吸力之间的关系定量描述，通常将含水率(或饱和度)与吸力的关系曲线称为土水特征曲线(soil water characteristic curve，SWCC)，图1-1是土水特征曲线的形态，进气值(air entry value，AEV)和残余含水率是土水特征曲线的两个特征点，饱和土体在脱水干燥的过程中，过渡段的延长线与边界效应段的延长线的交点称为进气值，表示外部空气开始进入土体的孔隙中，土体开始失水[61]，随着脱水过程的进行，非饱和土体对吸力的变化变得不敏感，当土体的含水率低于某一值时，增加很大的吸力也仅能使土体的含水率微弱降低，这一含水率定义为残余含水率。非饱和土的基本性质，如渗透性、强度、变形等，与土水特征曲线密切相关，土水特征曲线的研究是非饱和土研究领域中的重要环节。

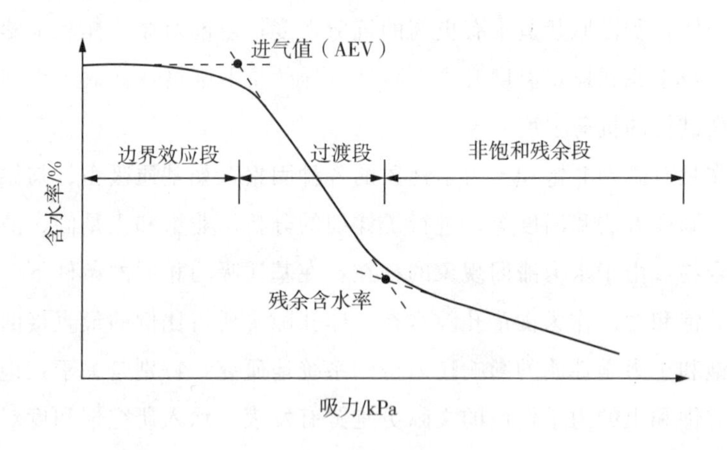

图1-1　土水特征曲线示意图

1.3.1　影响土水特征曲线的因素

影响土水特征曲线的因素众多，深入研究这些因素对土水特征曲线的影响对建立土水特征曲线的模型至关重要。

(1) 土的类型对土水特征曲线的影响

在应力历史和环境温度都相同的情况下，土的类型的不同对土水特征曲线存在着重要的影响，图1-2显示了三种典型土的土水特征曲线。在相同含水率的条件下，砂土的吸力最小，这是由于砂土颗粒的粒径相较粉土和黏土颗粒的粒径最大，因而产生的毛细吸力较小，另一方面由于砂土颗粒的粒径较大，所以对应的进气值小于粉土和黏土，黏土颗粒由于较小的粒径和较大的比表面积能够产生较大的吸力[62]，故在相同含水率的条件下，黏土的吸力最大。

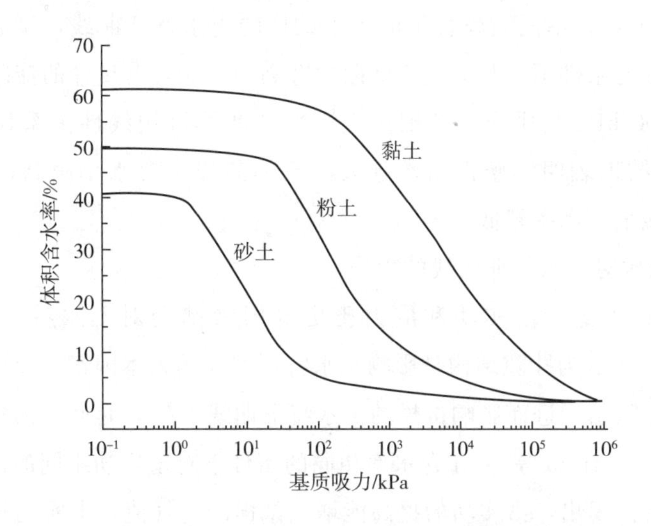

图1-2 砂土、粉土和黏土的典型土水特征曲线[67]

(2) 颗粒级配对土水特征曲线的影响

土的颗粒级配曲线反映了土中各个粒组的相对含量，土的颗粒级配对土水特征曲线有显著影响。王协群等[63]认为在相同的压实度下粗颗粒含量高的土样的土水特征曲线位于粗颗粒含量低的土样下方，且其脱湿曲线和吸湿曲线形成的滞回圈小于粗粒含量低的土样。文宝萍等[64]对三峡库区滩坪滑坡滑带土的试验研究表明：颗粒级配对残余含水率有显著影响，粗颗粒含量与细颗粒含量的比值越大，试样的残余含水率越小，残余基质吸力与颗粒级配无显著联系。罗小艳等[65]研究了花岗岩残积土在三种颗粒级配下的土水特征曲线，试验结果表明：对于级配不同的试样，在低吸力段，土水特征曲线之间有明显差异，随着基质吸力的升高，差异慢慢减小，表明颗粒级配对土水特征曲线的影响会随着基质吸力的升高而减弱。Gallage等[66]的研究表明，颗粒直径较均一的试样的土水特征曲线的斜率较大，但滞回圈较小。

(3) 液塑限对土水特征曲线的影响

液限和塑限是评价土体的重要指标，Tinjum 等[68]研究了具有不同塑性指数的黏土试样的土水特征曲线，对具有不同塑性指数的四种黏土的试验研究表明：具有高塑性指数的黏土试样的孔隙尺寸较小，所以高塑性指数的黏土试样有更大的进气值并且其土水特征曲线的过渡段的斜率较小；进气值和土水特征曲线斜率对塑性指数的敏感程度并不一致，进气值对塑性指数的变化更加敏感。Marinho 等[69-70] 研究了具有不同黏粒含量的砂土试样的土水特征曲线，试验结果表明：在相同含水率的条件下，吸力随着液限的升高而增大，若试样的液限大于25%，在 100 ～ 1000 kPa 基质吸力范围内土水特征曲线可用线性关系代替。卢应发等[71] 的试验结果表明：塑性指数越大，土体的残余含水率越高；塑性指数越小，土体的残余含水率越低。

(4) 孔隙比对土水特征曲线的影响

试样的干密度、击实功和应力历史等因素都会对土水特征曲线产生影响[72-75]。有学者认为孔隙结构是影响土水特征曲线的根本因素，而应力历史通过改变试样的孔隙结构进而影响试样的土水特征曲线[8, 76]，是间接因素。

1997 年，Tinjum 等[68] 在含水率相同的条件下对击实功不同的试样的土水特征曲线进行对比得出，击实功的提高能增大试样的进气值，击实功较高的试样其进气值也较大，故在相同的含水率的条件下，击实功大的试样的基质吸力要大于击实功低的试样的基质吸力。

2002 年，Miller 等[77] 也研究了击实功对土水特征曲线的影响，试验结果表明：击实功高的试样的孔隙比较小，在相同含水率的条件下，试样的吸力随着孔隙比的减小而增大，故击实功高的试样的土水特征曲线位于击实功低的试样的土水特征曲线的上方，且该趋势在高塑性土中更加明显。Yang 等[12] 对砂土的研究也得到了相似的结论。

2005 年，Zhou 和 Yu[78] 指出，试样的初始孔隙比越小，其对应的进气值和残余饱和度越高，并且残余饱和度与进气值和孔隙比之间的关系可用经验公式描述。

2009 年，汪东林等[79] 研究了具有不同孔隙比的试样的土水特征曲线，研究结果表明：具有较小孔隙比的试样在失水的过程中空气较难进入试样内部，故有较大的进气值，并且该试样的土水特征曲线的斜率小于孔隙比大的试样的土水特征曲线的斜率，即试样的土水特征曲线的斜率随着孔隙比的减小而减小。刘小文等[80] 对非饱和红土的研究表明：当含水率较低时，具有相同含水率的非饱和红土试样的基质吸力随着孔隙比的减小而急剧增大，而当含水率较高时，这一趋势不明显。

2010 年，Gallage 等[66] 研究了四种不同初始密实度条件下砂土试样的土水特征曲线，试验结果表明：密实度越小的试样其进气值和残余基质吸力也越小，但其土水特征曲线主干线的斜率和土水特征曲线的滞回圈较大。

2011 年，刘奉银等[81] 指出：初始干密度能够影响无压条件下粉质黏土的土水特征曲线的进气值和残余体积含水率，水气交界面处收缩膜的曲率随着孔隙比的减小而减小，故进气值会随着孔隙比的减小而增大；试样的渗透系数会随着孔隙比的减小而减小，所以残余体积含水率会随着试样孔隙比的减小而增大，但土水特征曲线的斜率受初始孔隙比的影响较小。

2013 年，Salager 等[82] 对粉质黏土的土水特征曲线的研究表明，初始孔隙比对试样的进气值有显著影响，试样的孔隙比越小，其进气值越大。对于孔隙比为 0.45 的试样，当基质吸力到达 300 kPa 时，试样仍接近饱和；当试样的含水率小于 0.11 时，初始孔隙比对试样土水特征曲线的影响可基本忽略，不同试样的土水特征曲线基本重合。

2014 年，陈东霞和龚晓南[83] 对残积砂质黏土进行了详细的研究，试验结果表明：由于初始干密度较小的试样具有较大的孔隙，故初始干密度较小的试样的进气值小于初始干密度大的试样的进气值，脱湿速率大于初始干密度较大的试样的脱湿速率，土水特征曲线的滞回圈的大小会随着初始孔隙比的增大而增大。孙德安等[84] 对桂林红黏土的研究表明：压实功主要影响集聚体内或集聚体间的大孔隙，而对于土颗粒间的孔隙结构分布基本不产生影响，所以在高吸力条件下不同孔隙比的试样的土水特征曲线几乎重合。

2017 年，邹维列等[85] 分别研究了低液限黏土在等应力条件和等孔隙比条件下的土水特征曲线，试验结果表明：在等孔隙比条件下，即使竖向应力不同，试样的吸湿和脱湿速率也基本相同；在竖向应力相同的条件下，孔隙比不同的试样的脱湿速率和吸湿速率有较大的差异，土水特征曲线的进气值随着孔隙比的增大而减小，土水特征曲线与试样的应力状态无明显联系。邹维列等指出孔隙比是影响土水特征曲线的根本因素，应力状态是间接因素，应力通过改变孔隙比进而影响土水特征曲线。

2017 年，Jiang 等[86] 对兰州地区黄土的土水特征曲线进行了详细研究，试验结果表明：在制样含水率相同的情况下，具有不同初始孔隙比的试样的土水特征曲线会相交于一点，在试样的基质吸力小于交点的基质吸力前，初始孔隙比较大的试样的含水率高于初始孔隙比较小的试样的含水率；在试样的基质吸力大于交点的基质吸力后，初始孔隙比较大的试样的含水率低于初始孔隙比较小的试样的含水率，而试样的初始干密度对黄土的土水特征曲线的进气值无影响。

根据上面的文献可知，试样内部孔隙的大小和分布与试样的密实度有关，在一定的基质吸力范围内，孔隙大小会对土水特征曲线的进气值和斜率产生影响，但当基质吸力大于某一值时，试样的密实度对土水特征曲线的影响是可忽略的。如何定量地描述孔隙比的改变对土水特征曲线的影响还需要深入研究。

(5) 初始含水率对土水特征曲线的影响

在制样过程中，不同含水率的试样具有不同的微观孔隙结构，若制样时的含水率位于最优含水率的左侧，试样孔隙呈双峰分布；若制样时的含水率位于最优含水率的右侧，试样的孔隙呈单峰分布，不同的孔隙分布对试样的土水特征曲线的影响是不同的。

1999 年，Vanapalli 等[87] 分别在最优含水率的左侧、最优含水率和最优含水率的右侧制作了非饱和土试样，试验结果表明：细粒土的土水特征曲线主要由土的孔隙结构决定，在最优含水率左侧制作的试样其孔隙结构主要由集聚体内和集聚体间的大孔隙构成，所以在最优含水率左侧制作的试样其土水特征曲线的形态更陡；而在最优含水率右侧制作的试样其孔隙结构主要由颗粒和颗粒之间的微孔隙构成，故试样的进气值和残余饱和度更大；而当试样的吸力在 20 ～ 1000 MPa 范围内时，试样的初始含水率对土水特征曲线无明显影响。

2008 年，Birle 等[72] 对 Lias 黏土的研究表明：土体的孔隙结构和击实含水率密切相关，当试样的击实含水率大于 11% ～ 12.5% 时，击实含水率对土水特征曲线有显著的影响，但当试样的击实含水率低于某一值时，毛细力的作用减弱，渗透力和吸附力在总吸力中占主导作用，试样的击实含水率对土水特征曲线几乎不产生影响。

2010 年，毛雪松等[88] 在研究风积砂土的水分迁移规律时发现，在相同干密度条件下，不同初始含水率对土中水分迁移的湿润峰高度无显著影响，即初始含水率与毛细水的上升高度无关，但会对土水特征曲线的过渡段有显著影响，过渡段的斜率会随着初始含水率的升高而减小。

2012年，伊盼盼等[89]研究了黄河三角洲粉土的土水特征曲线，试验研究表明：初始含水率位于最优含水率左侧的试样的土水特征曲线的斜率变化较大，且其进气值较低，初始含水率位于最优含水率右侧的试样的孔隙尺寸小且孔隙分布较均匀，试样的土水特征曲线斜率较为平缓，具有较高的进气值。

2013年，Iyer等[90]研究了不同初始含水率对粉土的土水特征曲线的影响，试样采用泥浆固结法制作，试验结果表明：初始含水率只对基质吸力在0～500 kPa范围内的土水特征曲线产生影响，当基质吸力大于1000 kPa时，具有不同初始含水率试样的土水特征曲线基本重合。

2016年，梁燕等[91]研究了初始含水率对原状非饱和黄土的土水特征曲线的影响，试验研究表明：初始含水率较大的试样，在相同基质吸力的条件下，其体积含水率也相对较大，随着基质吸力的增大，三组试验的土水特征曲线趋于一致，并最终重合。

2017年，Jiang等[86]对黄土的土水特征曲线进行了详细的研究后指出，试样的孔隙结构主要由初始含水率决定，即在制样时选取相同的击实含水率，即使试样的目标密实度不同，但其孔隙分布也基本相同，所以土水特征曲线的形态基本相似。

以上研究表明在制样时选取的含水率能够决定试样内部会形成何种孔隙结构，不同的孔隙结构对土水特征曲线造成的影响是不同的。在一定的基质吸力范围内，对于由相同土料制作的试样，若试样的击实含水率小于最优含水率，则试样的土水特征曲线的斜率较大，进气值较小；若试样的击实含水率大于最优含水率，则试样的土水特征曲线的斜率较小，而进气值较大。当基质吸力大于某一值时，制样含水率对土水特征曲线几乎不产生影响。

(6) 温度对土水特征曲线的影响

温度对土水特征曲线产生影响的机制比较复杂，目前认为温度的改变会影响表面张力的大小[92-93]，进而影响土水特征曲线，近年来也有研究表明温度的变化能够改变微孔隙水的物理化学性质，如集聚体内的结合水由于温度的升高转化为集聚体间的自由水，进而影响土水特征曲线的形态[94-95]。

2001年，Romero等[96]的研究表明：在温度对土水特征曲线的影响机制中仅考虑表面张力的作用是不完善的，温度的变化能够影响土的结构和集聚体内流体的化学性质，土体孔隙结构的变化和水的化学性质的改变都会对土水特征曲线产生显著的影响。

2004年，Villar和Lloret[97]的研究表明：在侧限条件和无侧限条件下，试样的土水特征曲线随着温度的升高而降低，该规律在低吸力的条件下更加明显，这些试验现象虽然可通过集聚体内吸附水转变为自由水的机制解释，但还需对这一机制深入研究。

2011年，王协群等[98]研究了温度对甘肃平定地区黄土的土水特征曲线的影响，试验研究表明：在相同的压实度和含水率条件下，基质吸力随着温度的升高呈近似线性降低，且温度对吸力的影响程度与含水率有关，含水率越低，温度对吸力的影响越大。

2014年，Cai等[99]分别测定了在25℃，40℃，60℃时粉质黏土的土水特征曲线，研究表明：在温度升高时，受溶解于水中的空气从水溶液中析出和表面张力降低等因素的影响，试样的土水特征曲线在坐标系中的位置随着温度的升高而降低，土水特征曲线的进气值也随温度的升高而降低，在相同体积含水率的条件下，试样的吸力随着温度的升高而降低，表明温度的升高会降低土的持水能力。

1.3.2 土水特征曲线模型

非饱和土的理论在近几十年得到了长足的发展，但却很少有人运用该理论解决实际工程中出现的问题，造成这一现象的主要原因之一是非饱和土为固相、液相和气相组成的三相混合物，液相和气相比例的变化导致非饱和土的力学性质复杂多变，参数确定困难。气相和液相在土体中所占的比例可以通过土水特征曲线描述，非饱和土的很多基本性质都和土水特征曲线相关，所以建立土水特征曲线的模型是非饱和土力学亟待解决的问题。

影响土水特征曲线的因素较多，建立土水特征曲线的理论模型一直存在较大的困难，目前较为常用的土水特征曲线模型是通过大量数据总结得到的经验模型，如表1-1所示。Leong和Rahardjo[100]对前人的经验公式进行总结后发现，土水特征曲线的经验公式基本都可采用式(1-2)进行描述。

$$a_1\Theta^{b_1}+a_2\exp(a_3\Theta^{b_2})=a_4\psi^{b_2}+a_5\exp(a_6\psi^{b_2})+a_7 \tag{1-2}$$

式中，a_1，a_2，a_3，a_4，a_5，a_6，a_7，b_1，b_2 为常数；$\Theta=(\theta-\theta_r)/(\theta_s-\theta_r)$。式(1-2)中的参数取不同值时，就可得到不同的经验公式。虽然通过有限的试验数据采用经验公式可以拟合得到完整的土水特征曲线，但也存在某些不足：首先，公式中的参数无明确的物理意义；其次，对于同一组试验数据，可通过不同的参数拟合得到形态相似的土水特征曲线，造成拟合参数不唯一，限制了经验模型的应用范围。

表 1-1 常用的土水特征曲线经验模型

研究者	表达式
Gardner[101]	$\theta=\theta_r+(\theta_s-\theta_r)/(1+a\psi^b)$
Brooks 和 Corey[102]	$\theta=\begin{cases}\theta_s, & \psi<a\\ \theta_r+(\theta_s-\theta_r)(a/\psi)b, & \psi\geqslant a\end{cases}$
Van Genuchten[103]	$\theta=\theta_r+(\theta_s-\theta_r)/[1+(\psi/a)^b]^c$
Fredlund 和 Xing[61]	$\theta=\theta_r+(\theta_s-\theta_r)/\{\ln[e+(\psi/a)^b]\}^c$

注：θ 为含水率，θ_s 为饱和含水率，θ_r 为残余含水率，ψ 为基质吸力，a 和 b 为拟合参数。

土水特征曲线的形态与颗粒级配、孔隙分布等因素相关，近年来有学者尝试通过容易测定的颗粒级配和孔隙分布等数据确定试样的土水特征曲线。

1981 年，Arya 和 Paris[104] 从土的颗粒级配曲线与土水特征曲线形态相似这一试验现象得到启发，将颗粒粒径相近的颗粒划分为相互独立的粒组，并假设各组的颗粒为均匀的球形颗粒，将土体内部的孔隙通道近似为毛细管通道，建立了孔隙半径和吸力之间的关系，在某一含水率条件下，土中的基质吸力为最大粒径组的孔隙通道被水充满时所对应的毛细管压力。Arya 等[105] 建立了比例参数与颗粒分布曲线的关系，提高了该模型计算土水特征曲线时的准确性。由于模型需要将级配曲线离散成独立的粒组，而分组的数量一定程度上会影响土水特征曲线的计算结果，徐晓兵等[106] 提出了微分形式的土水特征曲线的预测模型，避免了人为划分粒组时造成的误差。

1997 年，Fredlund 等[107] 将土体中的土颗粒按照粒径大小分成具有均一粒径大小的不同粒组，根据每组土颗粒的大小和孔隙率得到不同粒组的土水特征曲线的增量形式，最后将不同粒组的土水特征曲线的增量形式相加得到完整的土水特征曲线，该模型能够较准确地预测砂土和粉土的土水特征曲线，而对黏土、冰渍土的土水特征曲线预测效果不理想。

2001 年，Zhuang 等[108] 采用非相似介质的概念推导了根据粒径分布、容重和颗粒密度等数据预测土水特征曲线的模型，相比于 Arya 和 Paris [104]提出的模型，Zhuang 等提出的模型不需要测定试样的水分特征数据，同时该模型将容重和土壤质地等参数纳入模型中，提高了模型预测土水特征曲线的准确性。

2003 年，Aubertin 等[62] 认为土水特征曲线是毛细力和黏附力共同作用的结果，通过统计方程描述土体中的孔隙分布计算等效上升高度，等效上升高度是模型的基准参数，可以通过等效上升高度计算由毛细力和黏附力改变导致的饱和度变化，最后通过这两部分的饱和度计算整体的饱和度和吸力的关系。

2005 年，栾茂田等[109] 基于热力学理论建立了等直径球形土颗粒之间的弯液面方程得到了理论上的基质吸力，在该基础上考虑基质吸力的作用面积，提出了等效基质吸力和广义土水特征曲线的概念，但该研究仅对理想排列下的七个类型的土颗粒进行了分析，未将该理论推广至颗粒排列分布复杂的一般土体。

2008 年，王宇和吴刚[110] 基于孔隙介质理论和现代表面科学理论分析了非饱和土中水和气的物理化学行为，通过体积平均理论[111] 将微孔隙内的毛细压力转换至宏观尺度，推导了土水特征曲线的理论表达式，最后给出了土水特征曲线理论模型的简化公式。

2011 年，Jaafar 和 Likos [112]将土颗粒用球形颗粒代替，根据土料的颗粒大小分布曲线建立了球形颗粒群，把球形颗粒的堆叠方式分为三角形堆叠和四边形堆叠，并分别计算了这两种堆叠方式下饱和度与基质吸力之间的关系，最后根据试样的孔隙比采用线性插值的方法建立了能够预测土水特征曲线的模型。

2013 年，胡冉等[113] 认为虽然孔隙分布随变形的演化规律较复杂，但是孔隙分布函数在变形过程中不会发生显著变化，将参考状态时的孔隙分布函数平移和缩放后得到当前状态的孔隙分布函数，进而求得当前状态的毛细压力分布函数，最后建立了考虑变形和滞回效应的土水特征曲线模型。该模型的参数具有较明确的物理意义，通过模型预测结果与试验数据的对比，证明该模型能够描述孔隙比恒定条件下的土水特征曲线的主干线，也能够预测复杂应力路径下的土水特征曲线的主干线和干湿循环过程中吸力和含水率之间的关系。

2014 年，Li 等[114] 将基质吸力升高时试样内排出的水分为两部分，即孔隙中排出的体积水和弯液面内排出的水，并针对这两种水的排水特点分别建立了各自的土水特征曲线方程，最后根据颗粒级配曲线建立了土水特征曲线的模型，该模型能快速地预测试样的土水特征曲线，但不能模拟土水特征曲线的水力滞回。

2017年，刘士雨等[115]针对AP（Arya－Paris）模型比例系数确定困难，且没有全面考虑土壤的物理性质的缺陷，提出了采用土壤物理特性扩展技术确定土样的比例系数的方法，用于预测所求试样的土水特征曲线，取得了较好的效果。

有关土体结构的很多重要参数，如孔隙分布、土颗粒表面积和土颗粒质量分布等具有自相似的分形特征，所以也常用分形理论建立土水特征曲线的模型。1990年，Tyler和Wheatcraft[116]基于分形理论提出了土体结构和孔隙结构的物理概念模型，采用Sierpinski自相似集描述孔隙分布，将土水特征曲线和分形维数联系起来，土的持水能力由分形维数控制，模型中的参数可由土体孔隙的分形维数确定，高分形维数能够模拟黏土的排水性质，低分形维数可以描述砂土的排水性质。

1995年，Pachepsky等[117]运用分形理论，对土水特征曲线的空间变化进行了量化和模拟。1996年，Perfect等[118]引进了一个表示压力水头的参数，推导了三个参数的土水特征曲线的分形模型，改进的土水特征曲线在所考虑的压力水头范围内相较两个参数的土水特征曲线分形方程模拟得到的土水特征曲线更加准确。

2002年，徐永福和董平[119]采用分形模型描述孔隙体积分布，根据土体孔隙分布的分形模型建立了土水特征曲线的通用表达式，该模型能够预测近似饱和及干土状态时的土水特征曲线，也可估算土水特征曲线的主干线，并且也能够较准确地预测土水特征曲线的滞回现象，但该模型不能预测干湿循环试样的土水特征曲线。

2004年，王康等[120]考虑了土壤孔隙及土颗粒的不完全自相似性，将土分为具有分形结构的团聚体和不具有分形结构的固体颗粒和孔隙，将毛细管水的运动方程与不完全分形模型相结合，推导了土水特征曲线模型，该模型能够模拟不同土类的基质势和含水率之间的关系。

2011年，Wang和Zhang[121]指出简化的分形模型不能准确预测具有复杂孔隙结构土体的土水特征曲线，基于不对称分形结构推导了土水特征曲线模型，对Tyler和Wheatcraft[116]提出的模型存在高估或低估土水特征曲线的缺陷进行了改进，该模型具有四个参数，最后将该模型的预测结果与试验结果进行了对比，预测结果与试验结果较为吻合。

2015年，张季如等[122]指出采用单一的分维数不能准确描述黏性土在整个粒径范围的分形分布，并对武汉地区的三种黏性土进行了研究，结果表明：土的粒径分布存在三个不同的分维数，并且分维数的大小与土粒区间的粒径大小有关，采用不同区间的分维数预测土水特征曲线的结果发现大粒径区间分维数的预测结果与试验数据更加吻合。

2015年，Khoshghalb等[123]指出土样在发生变形的过程中，孔隙分布的分维数也会发生改变，根据土颗粒的表面积不会发生改变的条件，推导了孔隙分布的分维和孔隙比之间的函数关系，最后建立了能够考虑孔隙比变化的土水特征曲线模型，最后对密实度不同的试样的土水特征曲线进行了预测，模型的预测结果与试验数据较吻合，但该模型不能解释土水特征曲线的水力滞回。

1.4 非饱和土的本构关系

本构关系是描述物质宏观性质的数学模型。非饱和土的本构关系描述了应力和应变之间的关系，是将非饱和土的试验现象加以概括总结和抽象后得到的一组数学关系式。非饱和土的本构关系是将非饱和土理论应用于工程实践的基础。非饱和土随着土体饱和度或吸力的变化表现出复杂的力学性质，如抗剪强度随吸力的变化，在净应力恒定的情况下吸力降低发生的湿陷现象等。非饱和土的力学性质复杂多变，建立非饱和土的本构关系存在较大的困难，直至1990年，Alonso等[124]才建立起第一个比较完整的非饱和土的弹塑性本构关系。20世纪90年代至今，非饱和土本构关系的研究进入快速发展阶段，研究人员针对实验室中发现的非饱和土的各种现象，建立了众多的非饱和土的本构关系。

1.4.1 弹塑性本构关系

(1) 采用净应力作为应力变量的弹塑性模型

1990年，Alonso等[124]率先提出了非饱和土加载湿陷屈服面（loading collapse，LC）的概念，通过加载湿陷屈服面可判断非饱和土是否会发生湿陷现象，试样是处于弹塑性加载还是弹性卸载，通过加载湿陷屈服面将非饱和土的体变与饱和土的体变联系起来，在临界状态土力学框架内建立了非饱和土的弹塑性本构关系，即Barcelona基本模型（Barcelona basic model，BBM）。该模型的加载湿陷屈服面方程如式（1－3）所示。

$$\frac{p_0}{p_c}=\left(\frac{p_0^*}{p_c}\right)^{[\lambda(0)-\kappa][\lambda(s)-\kappa]} \tag{1-3}$$

式中，p_0 是基质吸力为 s 时非饱和土的屈服平均净应力；p_0^* 为饱和土屈服时的平均有效应力；p_c 为参考应力；$\lambda(s)$ 为非饱和土的压缩指数，是关于基质吸力 s 的函数；$\lambda(0)$ 为饱和土的压缩指数；κ 为饱和土及非饱和土的回弹系数，回弹系数与基质吸力的大小无关。式(1－3) 表明非饱和土的屈服应力与基质吸力有关，在平均净应力和基质吸力空间中非饱和土的屈服应力和基质吸力的关系如图 1－3 所示，非饱和土的弹性区是吸力增加（suction increase，SI）屈服面和加载湿陷（LC）屈服面包围形成的封闭区域。由图 1－3 可知，若吸力卸载时试样的应力路径穿过加载湿陷屈服面，则非饱和土发生湿陷；若试样的平均净应力较小，以至于吸力卸载至 0 kPa 时应力路径也不穿过加载湿陷屈服面，则试样发生弹性回弹。

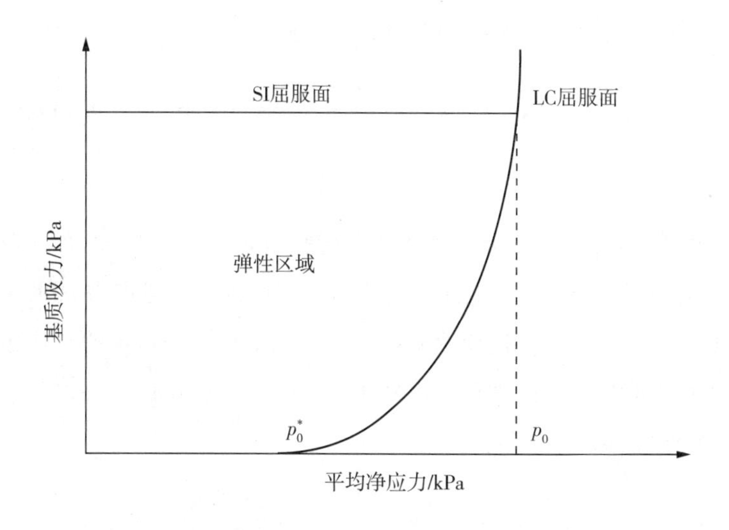

图 1－3　BBM 模型的加载湿陷屈服面和吸力增加屈服面

BBM 模型揭示了非饱和土的复杂力学性质表象背后的规律，为非饱和土本构关系的研究奠定了坚实的基础，但 BBM 模型也存在一些缺陷，如：其一，该模型认为非饱和土的压缩系数是和基质吸力相关的，并且随着基质吸力的增加而减小，这使得理论计算得到的非饱和土的湿陷变形会随着净应力的增加而变大，这与实验室中观察到的现象不符 —— 非饱和土的湿陷变形量存在极值，当试样受到的净应力达到某一值时，非饱和土的湿陷变形量不再增加，随后试样的湿陷变形量会随着净应力的增加而减小[125]；其二，由于采用净应力和吸力作为非饱和土本构关系的基本应力变量，使得该模型无法在饱和状态和非饱和状态之间平滑过渡，这使得采用该模型进行数值计算时不容易收敛；其三，由该模型的体变方程可得基质吸力引起的非饱和土的体积变形与非饱和土的净应力无关，现有很多实验已经表明吸力引起的非饱和土的体变是与净应力相关的[126]。虽然该模型存在一些理论上的缺陷，但 BBM 模型为非饱和土本构关系研究带来了极大的启发。

1995 年，Wheeler 和 Sivakumar[127]对 29 组高岭土试样进行了基质吸力恒定条件下的三轴剪切试验和固结试验，在临界状态土力学框架内基于试验结果建立了非饱和土的本构关系。与 Alonso 等[124]不同，Wheeler 和 Sivakumar 在推导非饱和土的加载湿陷屈服面时并未事先假定屈服面的形态，应力路径也未采用 Alonso 等使用的弹性卸载路径，相反地，Wheeler 和 Sivakumar 选用了弹性加载的应力路径，其加载湿陷屈服面如式（1－4）所示 。

$$(\lambda(s)-\kappa)\ln\frac{p_0}{p_{at}}=(\lambda(s)-\kappa)\ln\frac{p_0(0)}{p_{at}}+N(s)-N(0)+\kappa_s\ln\frac{s+p_{at}}{p_{at}} \tag{1-4}$$

式中，p_{at} 为大气压力；κ_s 为非饱和土的回弹指数；$N(s)$ 为非饱和土在平均净应力为 p_{at} 时的比体积；$N(0)$ 为饱和土的比体积。假设在参考应力 p_c 时加载湿陷屈服线为直线，则式(1－4) 可简化为式(1－3)。在基质吸力恒定的平均净应力 p 和广义剪应力 q 空间中，屈服面的形状为椭圆形，根据临界状态土力学，由修正剑桥模型[128] 推导可得式(1－5)。

$$q^2=M_*^2(p_0-p)(p+p_0-2p_x) \tag{1-5}$$

式中，M_*^2 为椭圆的长宽比；p_x 为临界状态时的平均净应力。采用该模型对高岭土的试验结果进行预测，计算结果表明该模型能够描述非饱和高岭土的力学性质，但缺陷是参数确定比较困难。

2003 年，Chiu 和 Ng[129] 在扩展临界状态土力学框架内提出了与状态变量相关的非饱和土的本构关系，如式(1－6) 所示，该模型在计算非饱和土的弹性体应变时考虑了饱和度的影响。

$$d\varepsilon_{ve} = \frac{\kappa d(p + sh(S_r))}{v_0(p + sh(S_r))} \tag{1-6}$$

式中，$h(S_r)$ 是饱和度 S_r 的单调函数。当饱和度小于残余饱和度时，不考虑基质吸力对非饱和土弹性应变的影响，Chiu 和 Ng 在平均净应力和广义剪应力空间中定义了两个屈服面描述非饱和土的剪切机理和压缩机理，其屈服面方程如下所示。

$$f_s = q - \eta_y \left(p + \frac{\mu(s)}{M(s)}\right) \tag{1-7}$$

$$f_c = p - p_0(s) \tag{1-8}$$

式中，η_y 为屈服状态时的应力比；$\mu(s)$ 和 $M(s)$ 分别为基质吸力为 s 时临界状态线的截距和斜率；$p_0(s)$ 为基质吸力为 s 时的屈服应力。Chiu 和 Ng 采用非相关联的流动法则，对不同的屈服面采用不同的塑性硬化模量得到硬化准则，该模型能够预测不同密实度条件下和不同应力条件下非饱和土的应力-应变关系，也能预测吸力卸载时剪应变和体应变的突然增加。

2005 年，Georgiadis 等[130] 指出把非饱和土压缩曲线假设为直线会影响非饱和土的本构关系预测土体变形的准确性，非饱和土的正常压缩曲线在比体积与平均净应力的半对数坐标系中为非线性曲线，其表达式为

$$v = N(s_{eq}) - \lambda(0)\ln\frac{\bar{p}}{\bar{p}_c} + \lambda_m\left(\frac{\bar{p}}{\bar{p}_c}\right)^{-b}\ln\frac{\bar{p}}{\bar{p}_c} \tag{1-9}$$

式中，s_{eq} 为等效基质吸力；λ_m 为关于等效基质吸力的函数。该模型采用修正的体变方程建立了非饱和土的本构模型，提高了模型的预测精度，但该模型中一共含有 22 个参数，参数确定存在困难。

2006 年，Thu 等[131] 将土水特征曲线与 BBM 模型结合，减少了模型中引入的材料参数，BBM 模型至少需要 3 个基质吸力条件下的非饱和土压缩曲线的斜率才能预测任意基质吸力条件下非饱和土压缩曲线的斜率，Thu 等引入土水特征曲线方程后只需 2 个基质吸力条件下非饱和土压缩曲线的斜率，就可预测任意基质吸力条件下非饱和土压缩曲线的斜率，改进后的模型能够预测非饱和高岭土的力学性质。

2008 年，为解决 BBM 模型不能在饱和土的本构模型和非饱和土的本构模型

之间平滑过渡和吸力变化导致的体变与净应力无关的缺陷，Sheng 等[132]提出了采用增量形式描述非饱和土变形的 SFG（Sheng－Fredlund－Gens）模型，其体变方程为

$$d\varepsilon_v = \lambda_{vp}\frac{d\bar{p}}{\bar{p}+s} + \lambda_{vs}\frac{ds}{\bar{p}+s} \tag{1-10}$$

式中，λ_{vp} 和 λ_{vs} 分别为与净应力和吸力对应的压缩系数。通过数学上的处理，由净应力或基质吸力引起的非饱和土的体积变化与净应力和吸力的组合项有关，并且当基质吸力为零时，式(1－10) 变为饱和土的体变方程，该体变方程能够在饱和土的体变方程和非饱和土的体变方程之间平滑过渡；此外 SFG 模型能够描述泥浆土在失水过程中屈服应力的发展，解决了以往模型的不足。SFG 模型的缺陷是应变只能以增量形式表示，使得采用该模型计算非饱和土的体积变化时严重依赖积分路径，即使试样处于弹性状态，沿不同的积分路径得到的体积变化也不相同[133]。

(2) 采用“有效应力”作为应力变量的本构模型

1996 年，Bolzon 等[134] 基于饱和土的广义塑性理论[135] 推导了非饱和土的广义塑性模型，该模型采用基质吸力和 Bishop 有效应力作为应力变量，Bolzon 等建议采用可乘函数 $\widetilde{H}_w$ 和修正硬化模量 H_0 考虑吸力对非饱和土塑性行为的影响：

$$\widetilde{H}_w = 1 + [a_1\exp(-p') - a_2]s \tag{1-11}$$

式中，a_1 和 a_2 为材料参数；p' 为平均有效应力。在推导非饱和土的加载湿陷屈服面时，Bolzon 等假设在某一极限状态下，基质吸力的变化不会产生塑性应变，并将该假设作为推导加载湿陷屈服面的基础，以塑性体应变作为硬化参数，根据在同一加载湿陷屈服面上饱和土与非饱和土的塑性体应变相等的关系得到式(1－12)。

$$\varepsilon_v^p = \frac{1}{H_0}\ln\frac{p'_{y0}}{p'_c} = \frac{1}{H_0\widetilde{H}_w}\ln\frac{p'_y(s)}{p'_c} \tag{1-12}$$

将式(1－12) 重新整理，就可得到与 Alonso 等[124]推导的加载湿陷屈服面相似的形式。由于该模型采用 Bishop 有效应力作为本构关系中的应力变量，所以该模型可自然退化为饱和土的本构模型。

2000 年，Jommi[136]采用平均骨架应力推导了单应力变量的非饱和土的本构

模型（single stress model，SSM)，该模型中非饱和土压缩曲线的斜率为

$$\lambda(s)=\lambda(0)[\bar{p}(\bar{p}+S_r s)^{-1}] \tag{1-13}$$

而 BBM 模型中非饱和土压缩曲线的斜率为

$$\lambda(s)=\lambda(0)[(1-r)\exp(-\beta s)+r] \tag{1-14}$$

式中，r和β为材料参数。与式(1-14)相比，虽然直观上式(1-13)未引入新的材料参数，但土水特征曲线中的材料参数隐含在式(1-13)中。为描述非饱和土预固结压力随基质吸力的增加而增加和吸力卸载时的湿陷等现象，Jommi 给出了硬化参数 $\hat{p}_0$ 的发展准则：

$$\hat{p}_0=(p_0^*-S_r s)+h(S_r) \tag{1-15}$$

式中，$h(S_r)$是关于饱和度的函数。SSM 模型在未引入新的材料参数的前提下建立了非饱和土的本构关系，缺陷是使用该模型时必须测定非饱和土的土水特征曲线。

2003 年，Wheeler 等[7] 考虑了饱和度对非饱和土应力-应变关系的影响，采用 Bishop 应力和修正的基质吸力建立了比较完整的水力-力学耦合的非饱和土的本构关系，采用经典的弹塑性理论描述加载湿陷屈服面、吸力增加屈服面和吸力减小屈服面之间的耦合关系。通过模型预测和实验结果的对比，证明了该模型的有效性。由于该模型采用修正的基质吸力和Bishop应力作为本构变量，所以该模型严格满足热力学的基本定理。然而如何准确描述加载湿陷屈服面、吸力增加屈服面和吸力减小屈服面之间的耦合运动规律是应用该模型的一大难点。

Gallipoli 等[137] 指出单位体积的土体内由基质吸力提供的黏结效应与两个因素有关：提供黏结力的弯液面个数和黏结力的大小。由此 Gallipoli 等提出了衡量黏结效应强度的黏结因子的表达式：

$$\xi=(1-S_r)f(s) \tag{1-16}$$

式中，$f(s)$为颗粒间滑移阻力在基质吸力为s时和基质吸力为零时的比值；$(1-S_r)$为单位体积非饱和土体内弯液面的个数；ξ为单位体积的非饱和土体内由基质吸力引起的颗粒间的黏结效应。在该假设下，Gallipoli 建立了以塑性体应变为硬化参量的单屈服面的非饱和土本构关系，该模型能够模拟在干湿循环条件下非饱和土试样发生的不可恢复的体积变形。然而，式(1-16)作为建立该非饱和土本

构关系的基础，具有一定的经验性，物理意义不够明确，此外由于土颗粒的大小不一，$f(s)$ 无具体的解析表达式，这使得该本构关系在计算非饱和土的变形时具有一定的经验性。

2007 年，Sun 等[138] 根据具有不同初始密实度的压实黏土试样在控制吸力的条件下进行的三轴试验结果，推导了与密度状态相关的非饱和土水力-力学耦合的本构模型。Sun 等认为在不同初始密实度和基质吸力条件下，非饱和土的正常固结曲线总会相交于同一点，基于这一假设推导了非饱和土的弹塑性本构模型，采用简化的土水特征曲线模型描述非饱和土的土水特征曲线，同时根据具有不同初始密实度的试样在控制吸力条件下的试验结果，认为在基质吸力相同的条件下，饱和度与孔隙比呈线性关系，从而得到了水力-力学耦合的非饱和土本构模型，并通过 SMP（spatially mobilized plane）准则实现了该模型的三维化。该模型预测得到的应力-应变关系和土水特征曲线与试验结果一致，该模型力学部分的参数相对于饱和土的修正剑桥模型增加了 3 个材料参数。

2011 年，Zhang 和 Ikariya[139] 在对 Cui 和 Delage[41] 与 Kodaka 等[140] 的试验结果重新整理后发现，非饱和土的正常压缩曲线的斜率在饱和度恒定的条件下是相同的，并与饱和土的正常固结曲线的斜率相等，据此提出一个假设：非饱和土的正常压缩曲线的斜率与饱和土的正常压缩曲线的斜率相等，且非饱和土的正常压缩曲线始终位于饱和土的正常压缩曲线上方。在此假设下，Zhang 和 Ikariya 以饱和度和骨架应力作为本构模型的基本变量推导了非饱和土的本构关系。为使本构模型具有更广的适用范围，Zhang 和 Ikariya 在本构关系中引入了下负荷面模型，得到了可以描述超固结和正常固结的非饱和土的本构模型。该模型的优势是在本构关系的力学部分并未引入新的参数，且由于采用骨架应力为应力变量，该模型能够在非饱和土的本构关系和饱和土的本构关系之间平滑过渡。

2012 年，Zhou 等[141-142] 分析了大部分非饱和土的本构模型共有的一些基本特征，如体变方程是基质吸力的函数，屈服面大多定义在应力和吸力的空间中，剪切强度由应力和吸力控制等，并指出了这些模型的不足，提出了计算非饱和土体变的新方法。Zhou 等[141] 认为，非饱和土的比体积在初始状态时是恒定的常数，并假设非饱和土正常压缩曲线的斜率为饱和度的函数，具体表达式为

$$v = N - \lambda(S_e)\ln p' \tag{1-17}$$

式中，S_e 为有效饱和度。通过引入土水特征曲线建立了非饱和土的水力-力学

耦合的本构模型，该模型能够很好地描述常吸力条件下非饱和土压缩曲线的非线性变化，克服了以往很多模型的缺点，但该模型假设非饱和土压缩曲线的斜率是饱和度的函数，与 Zhang 和 Ikariya[139]提出的模型是矛盾的，有待深入研究。

1.4.2 基于热力学的本构关系

以上模型均是在临界状态土力学框架内提出的，故自然满足稳定性假设，然而对于是否严格满足热力学定律需要进一步论证。近来有学者以热力学为基础，采用混合物理论进行非饱和土本构模型的推导，如 Loret 和 Khalili[143]、Laloui 等[144]和刘艳等[145]。热力学是从研究热和力两者之间的关系中发展起来的宏观唯象学理论，用这种方法建立的本构方程具有如下优点：（1）自动满足热力学定律；（2）建立的本构方程具有更广的适用性，并消除了模型建立过程中的人为假定；（3）建立的本构模型具有数学上的严密性，方便比较分析。从热力学的两个基本函数——自由能函数和耗散势函数出发，采用 Lengendre 变换推导本构方程的增量形式，是从热力学定律出发建立本构关系的基本方法，这个方法最早由 Collins 和 Houlshy[146]提出，Houlsby 和 Puzrin[147]将这种方法推广到岩土材料中，给出了基于热力学理论推导岩土材料本构方程的一般性方法，周家伍等[148-149]和蔡国庆等[150]对该方法进行了详细的讨论。下面选取几个典型的基于热力学的多相介质理论模型作简要介绍。

2004 年，Borja[151]基于孔隙介质理论提出了非饱和土的局部分析理论框架，根据热力学第二定律得到了混合物的屈服面方程，并将修正的剑桥模型引入这个框架中，得到了非饱和土的本构关系。数值计算结果表明该模型能够较好地反映在吸力降低时非饱和土发生的湿陷和应力软化等现象。

2007 年，Li[23,152]以热力学理论为基础，从功-能量-耗散的角度出发，建立了三相开放系统的框架模型。Li 首先推导了非饱和土三相介质的自由能增量方程，将耗散分为固相中的耗散和孔隙流体中的耗散，土骨架的本构关系采用弹塑性理论描述，给出了基于热力学定律的三相开放系统本构关系的增量形式。该模型既能反映土体内部孔隙结构的演化，也能反映土颗粒和孔隙水相互作用的影响。通过模型预测与试验结果的对比表明，该模型能够较好地预测非饱和土的基本力学性质。

2009年，Muraleetharan等[153]基于孔隙介质理论，推导了非饱和土的弹塑性理论框架，并指出毛细滞回是与饱和度的不可逆变化所引起的耗散机制相联系的，将毛细滞回现象和土骨架的塑性变形在统一的理论框架内描述，推导得到了水力-力学耦合的弹塑性本构关系，通过模型预测结果与实验结果的对比，证明该模型能够较好地预测土水特征曲线的滞回现象和非饱和土的应力-应变关系。

2011年，Cai等[154]基于热力学和孔隙介质理论建立了非恒温条件下非饱和土的本构模型，选取平均骨架应力、修正的吸力和温度作为本构变量，加载屈服面考虑温度变化对土骨架的屈服应力的影响，温度屈服面考虑温度的升高对塑性应变的影响，建立了可以考虑温度变化的非饱和土的本构模型。

1.4.3 非饱和膨胀土的本构关系

膨胀土的主要成分是亲水性矿物，在失水时膨胀土收缩，在吸水时膨胀土发生较大的膨胀变形，若膨胀土位于基础下方，易使建筑发生不均匀的竖向变形，造成建筑物破坏，又由于膨胀土具有低渗透性和高膨胀性，它也被广泛用作分隔地下核废料的土障材料，所以建立膨胀土的本构关系无疑具有重大的现实意义。由于前述的模型在建立时未考虑膨胀土的性质，在本构关系中未加入描述膨胀土性质的方程，所以上文所述的模型不能用来预测非饱和膨胀土的应力-应变关系。Gens和Alonso[155]为描述非饱和膨胀土在吸湿路径下发生的不可恢复的塑性膨胀变形，在BBM模型的基础上提出了非饱和膨胀土的弹塑性框架模型——GA（Gens - Alonso）模型，该框架模型从膨胀土的微观机理出发将土体变形分成微观尺度变形和宏观尺度变形两个部分，两者互相耦合，共同决定膨胀土的变形，该框架模型能够比较全面地描述非饱和膨胀土的性质。Alonso等[156]定义了在发生塑性膨胀变形时联系宏观尺度变形和微观尺度变形的耦合方程，建立了非饱和膨胀土的BExM（Barcelona expansive model）模型，该模型同时从膨胀土的宏观尺度的孔隙结构和微观尺度的孔隙结构出发，分别讨论了这两种孔隙结构在非饱和膨胀土发生塑性膨胀变形过程中所起的不同作用，分别建立宏观尺度和微观尺度的体变方程，最后通过联系宏观孔隙改变和微观体积改变的耦合方程，计算非饱和膨胀土在应力状态发生改变时的变形。双尺度模型具有较明确的物理意义，但在应用双尺度的本构模型计算非饱和膨胀土的变形时存在不少困难：一方面，为计算微观尺度的变形，需要微观尺度的土参数，而这些参数基本不能够通过传统的土力学试验得到，微观尺度的土参数难以确定；另一方面，联系宏观尺度和微观尺度结构变形的耦合方程具有很大的经验性，增加了在使用这类模型时的随意性。

针对双尺度模型的缺点，近年来有学者尝试从宏观尺度出发，建立非饱和膨胀土宏观尺度的本构模型。非饱和膨胀土宏观尺度的本构模型具有以下优点：(1) 模型框架简单，模型参数可方便地通过土力学试验确定；(2) 模型中的应力和应变变量均为宏观可测量的量。

2007 年，Chen[157] 对 Wheeler 等[7] 提出的模型进行了扩展，为考虑吸力的变化引起的膨胀土的塑性膨胀变形，Chen 将模型中的塑性体应变分为两个部分，即吸力变化屈服面引起的塑性体应变增量和加载湿陷屈服面变化引起的塑性体应变增量，该模型使用 Bishop 应力和修正的吸力作为应力变量，建立了适用于非饱和膨胀土的宏观尺度的弹塑性本构关系。

2012 年，Sun W. 和 Sun D.[158] 考虑了饱和度对非饱和膨胀土力学行为的影响，通过引入等孔隙比线确定土体的力学行为，建立了适用于非饱和膨胀土的水力-力学耦合的弹塑性本构模型。模型预测结果与试验结果之间的对比表明，该模型能够较准确地模拟侧限应力为常数时非饱和膨胀土的吸湿膨胀试验、等吸力下的压缩试验以及三轴剪切试验结果，该模型的另一特点是考虑了非饱和膨胀土的水力-力学耦合效应。

1.5 本书研究思路与研究内容

1.5.1 研究思路

对以往非饱和土有关的文献梳理后可知，非饱和土的理论研究尚处于探索阶段，还需要进一步完善。非饱和土的本构关系是将非饱和土的试验研究成果归纳总结建立完善的非饱和土理论的基础，本书对以往非饱和土本构关系的研究进展进行了梳理，归纳总结了其中的不足之处。为克服非饱和膨胀土的双尺度模型参数多和参数难以确定等缺点，本书首先分析了非饱和膨胀土的膨胀机理，提出了宏观结构中性加载面假设，为建立非饱和膨胀土的宏观尺度模型提供了理论依据。非饱和土是由土、水和气组成的三相混合物，存在强烈的水力和力学耦合效应，针对非饱和土的这一特点，本书研究了饱和度对非饱和土力学性质的影响，以饱和度和骨架应力作为本构变量，建立了水力-力学耦合的非饱和土的本构关系，并通过引入下负荷面的概念，将该模型推广至超固结非饱和土的本构模型，并对该模型进行了详细的验证。为研究非饱和土的水力-力学耦合效应，并验证本书提出的本构模型，设计了饱和度恒定的非饱和土的一维压缩试验，对饱和度恒定条件下的非饱和土的力学性质进行了探索。将本构模型用于工程计算需要借助有限元算法，本书基于孔隙介质理论和本书提出的本构模型给出了非饱和土固-液-气耦合的有限元算法，并采用该算法分析了地下水位上升对条形基础承载力和土质边坡稳定性的影响。

1.5.2 研究内容

本书的研究内容主要分为六个部分，具体如下：

(1) 第1章主要对非饱和土理论的研究目的、研究现状和存在的问题进行了简要的介绍，指出现有研究中的不足，并提供了本书的研究思路。

(2) 第2章对非饱和膨胀土的本构关系进行了研究，指出了双尺度模型的缺点，提出了建立宏观尺度的非饱和膨胀土本构模型的研究思路，通过对膨胀机理的分析，提出了非饱和膨胀土的宏观结构中性加载面假设，推导了宏观尺度的非饱和膨胀土的本构模型，最后对该模型进行验证，本章为建立宏观尺度的非饱和膨胀土的本构模型提供了理论依据。

(3) 第3章将非饱和土的压缩曲线与饱和度相联系，分析了非饱和土的体变规律并提出硬化效应的概念，通过文献中的试验数据总结了饱和度与硬化效应的关系，建立了水力-力学耦合的非饱和土的本构模型，并结合孔隙介质理论，推导了非饱和土的局部平衡方程，最后分别在排水条件下和不排水条件下对提出的水力-力学耦合的非饱和土的本构模型进行验证，为建立非饱和土的本构模型提供了新的思路。

(4) 第4章引入下负荷面理论，将第3章中推导的本构模型推广至超固结非饱和土的本构关系，并对该本构关系进行了详细的验证。由于非饱和土的本构方程为非线性方程，为提高数值算法的精度，推导了水力-力学耦合的超固结非饱和土本构模型的隐式积分算法，并对该算法进行了验证，该算法可用于数值计算。

(5) 第 5 章为研究非饱和土的水力-力学耦合特性设计了饱和度恒定的非饱和土的一维压缩试验。首先使用压力板仪测量了大连地区粉质黏土的土水特征曲线，再对非饱和粉质黏土进行了基质吸力恒定的压缩试验，根据这两组试验结果，最后通过同时控制试样的孔隙比和基质吸力实现了控制非饱和土试样饱和度的目的，对非饱和粉质黏土进行了饱和度恒定的压缩试验，研究饱和度恒定条件下非饱和土的压缩特性，该试验研究验证了本书提出的非饱和土本构模型。

(6) 第 6 章基于孔隙介质理论和本书推导的水力-力学耦合的非饱和土本构模型，给出了非饱和土固-液-气耦合的有限元算法，土柱渗流的数值模拟结果证明了该算法的正确性，最后采用该算法分析了地下水位上升对条形基础承载力和土质边坡稳定性的影响，在将本书提出的本构模型用于工程计算方面进行了初步的尝试。

2 非饱和膨胀土的本构关系

2.1 引 言

膨胀土的力学性质是设计分隔地下核废料的土障时需要考虑的关键因素，自从 Alonso 等[124]提出非饱和土的 BBM 模型以来，对非饱和土的本构关系的研究有了质的进展，学者们提出了许多非饱和土的本构模型[41,127,129-131]，这些本构模型能够预测非饱和土的基本力学特性，如：抗剪强度随基质吸力增加而增长、低净围压时沿着吸湿路径发生不可恢复的湿陷现象。然而由于这些模型都是在 BBM 模型的框架内建立的，所以无法预测非饱和膨胀土发生的塑性膨胀变形。膨胀土的矿物组成使得膨胀土相比于低活性的非饱和土具有更加复杂的力学性质，建立非饱和膨胀土的本构模型更加困难。针对 BBM 模型不能预测非饱和膨胀土的塑性膨胀变形的缺陷，Gens 和 Alonso[155]提出了非饱和膨胀土的双尺度框架模型（GA 模型），Alonso 等[156]在 GA 框架模型和 BBM 模型的基础上提出了能够预测非饱和膨胀土应力-应变关系的 BExM 模型，该模型从膨胀土的微观机理出发将土体变形分为微观尺度和宏观尺度两个部分，发生在活性黏土矿物尺度的物理化学现象由微观结构尺度描述，宏观结构尺度描述土骨架的变形等现象，最后通过联系微观结构尺度和宏观结构尺度变形的耦合方程得到膨胀土的总变形。Sanchez 等[159]在 GA 框架模型的基础上，采用广义塑性理论构建了两个尺度的相互作用关系。双尺度模型具有较明确的物理意义，但在应用该类模型进行计算时却遇到不少问题。首先，为计算微观尺度的变形，需要微观尺度的土参数，而这些参数基本不能够通过传统的土力学试验得到；其次，耦合方程基本采用经验公式，增加了使用模型时的随意性。非饱和膨胀土本构关系中的参数如果能从传统的土力学试验中得到，则会使得非饱和膨胀土的本构关系便于使用，本章提出了宏观结构尺度的非饱和膨胀土的本构关系，该模型具有参数少、参数易确定、简单易用等特点。

2.2 非饱和膨胀土的本构模型推导

2.2.1 宏观结构中性加载线

Gens 和 Alonso[155] 提出了非饱和膨胀土的中性加载线（neutral loading，NL）概念，通过中性加载线可以预测微观结构尺度的变形。若试样的应力路径与中性加载线重合，则微观尺度的弹性应变增量为零；若基质吸力卸载时应力路径穿越中性加载线，则会在微观尺度发生膨胀变形，宏观尺度的膨胀变形可通过耦合方程与微观尺度的膨胀变形相乘计算得到。然而耦合方程很难通过理论方法确定，基本采用经验公式，且用来计算微观尺度变形的微观参数很难确定，所以需要通过其他办法解决这个问题，以使非饱和膨胀土的本构模型简单易用。

膨胀土由单粒、集聚体和孔隙组成，Gens 和 Alonso[155] 指出当膨胀土失水干燥时，膨胀土的微观尺度孔隙仍是饱和的，Graham 等[160] 的试验已经证实了该观点假设。所以当基质吸力升高时，微观尺度的有效应力会随着吸力的增加而增大，根据有效应力原理可知土颗粒会聚集形成集聚体，土体中的集聚体由于有效应力的增加而受压，土体内的孔隙随着有效应力的增加而减小，最终的结果为膨胀土的体积沿着脱湿路径减小；相反的，若对膨胀土进行吸湿试验，土体中吸力减小，微观结构尺度的有效应力会随着吸力的减小而减小，集聚体内有效应力减小，当集聚体内有效应力小于土颗粒间由土颗粒表面的正电荷产生的排斥力时，微观尺度的结构会发生膨胀变形，由于微观结构会影响宏观结构，最终膨胀土发生不可逆的膨胀变形。通过以上分析可知微观尺度结构的改变会使得膨胀土的宏观尺度结构发生改变，宏观尺度结构的改变也反映了微观尺度结构的变化，这使得从宏观结构尺度出发建立宏观尺度的非饱和膨胀土本构关系成为可能。

膨胀土的膨胀行为与膨胀压力相关，膨胀土的膨胀压力可通过双电层理论[161] 计算得到，但由于双电层理论假设土颗粒是平行排列的[162]，并且该理论并未考虑离子大小、离子吸附等效应，故采用双电层理论计算得到的膨胀压力与真实值之间存在一定差距。图 2-1 所示为两个非饱和膨胀土试样的膨胀压力曲线，膨胀土的液限和塑限分别为 55% 和 35%，试验结果来自 Blight[163] 测得的数据，由图 2-1 观察可知，试验测得的两条膨胀压力曲线形态相似，且当基质吸力较低时，膨胀压力曲线与 x 轴的夹角大约成 45°。若膨胀土的应力路径与膨胀压力曲线重合，则在加载过程中膨胀土的体变增量为零。假设在净应力-吸力的应力空间中，存在这样的应力路径，当膨胀土的应力路径和该应力路径重合时，膨胀土不会发生塑性体积膨胀，则定义该应力路径为宏观结构中性加载线（macro-structural neutral loading line，MNL）。中性加载线（NL）是表示膨胀土微观尺度结构变形规律的曲线，而宏观结构中性加载线是描述膨胀土宏观结构尺度变形规律的曲线。MNL 和 NL 在净应力-吸力空间中的相对位置如图 2-2 所示，假设某非饱和膨胀土试样的应力状态为图 2-2 中的 A 点，对该试样进行基质吸力卸载并同时进行净应力加载，应力路径为沿着图 2-2 中曲线由 A 点直至 B 点，则在该过程中膨胀土试样的塑性膨胀体应变增量为零。

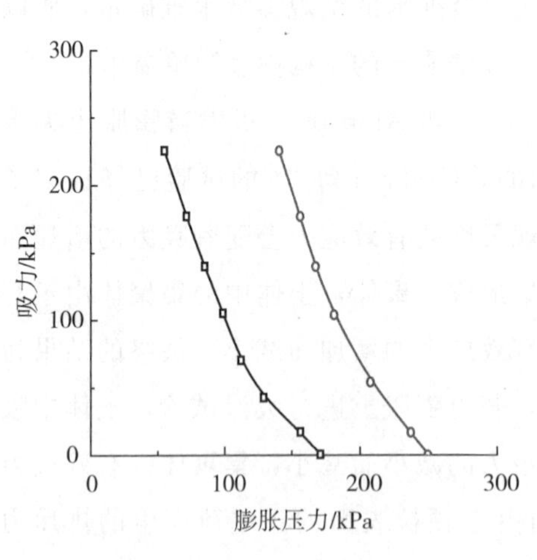

图 2-1　Blight[163] 测得的非饱和膨胀土的膨胀压力曲线

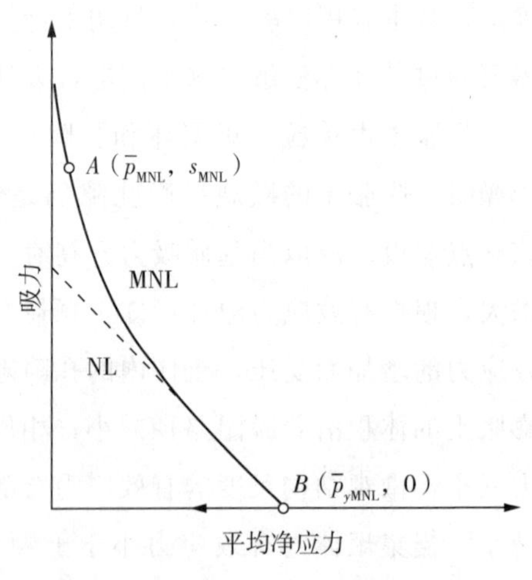

图 2-2　平均净应力-吸力空间中 MNL 和 NL 的相对关系

在测定膨胀土的膨胀压力曲线时，试样吸湿过程时需要增加外荷载以阻止试样发生膨胀，如图 2-1 所示，吸力卸载时发生的弹性回弹与外荷载增加引起的弹性体缩部分抵消，所以在测定膨胀压力曲线时若膨胀土发生弹性应变，则该弹性应变增量应很小。若膨胀土试样经历的应力路径与膨胀压力曲线重合，因为总体变为零，在该过程中产生的塑性应变也很小，所以宏观结构中性加载线的形状与膨胀压力曲线相似。若宏观结构中性加载线的形状与膨胀压力曲线的差别较大，则会产生很大的塑性膨胀应变。假设沿着膨胀压力曲线产生的弹性应变增量很小以至于可以忽略，则沿着膨胀压力曲线产生的塑性应变增量为零，在这种情况下，膨胀压力曲线与宏观结构中性加载线重合。

2.2.2 非饱和膨胀土的本构方程

体变特性是土的重要性质，土的弹塑性本构模型基本采用塑性体应变作为硬化参量，饱和土体变的增量方程可表示为

$$\mathrm{d}v=-\lambda\frac{\mathrm{d}p'}{p'} \tag{2-1}$$

式中，p' 为有效应力；λ 为饱和土的压缩指数；v 为比体积。采用SFG法[132]可将式(2-1)推广为可描述非饱和土体变的增量方程，根据SFG模型，非饱和土在等压压缩时的体变增量方程可表示为

$$\mathrm{d}\varepsilon_{\mathrm{v}}=\frac{\mathrm{d}v}{v}=\lambda_{\mathrm{vp}}\frac{\mathrm{d}\bar{p}}{\bar{p}+s}+\lambda_{\mathrm{vs}}\frac{\mathrm{d}s}{\bar{p}+s} \tag{2-2}$$

式中，λ_{vp} 和 λ_{vs} 分别为正常固结条件下与净应力和吸力对应的压缩系数；$\bar{p}=p-u_{\mathrm{a}}$ 为净平均应力；$s=u_{\mathrm{a}}-u_{\mathrm{w}}$ 为基质吸力(其中 p 为总应力，u_{a} 为孔隙气压，u_{w} 为孔隙水压)。当非饱和土变为饱和土时，式(2-2)退化为式(2-1)。为描述基质吸力引起的体变，Sheng 等[132]采用了简单但并不唯一的形式，非饱和土的 λ_{vs} 可表示为

$$\lambda_{\mathrm{vs}}=\begin{cases}\lambda_{\mathrm{vp}}, & s<s_{\mathrm{sa}}\\ \lambda_{\mathrm{vp}}\dfrac{s_{\mathrm{sa}}}{s}, & s\geqslant s_{\mathrm{sa}}\end{cases} \tag{2-3}$$

式中，s_{sa} 为饱和吸力，是饱和状态变为非饱和状态的转换吸力值，若试样从饱和状态脱水变为非饱和状态，s_{sa} 的值与进气值相等。值得注意的是，式(2-2)并不能用来预测非饱和膨胀土发生的塑性膨胀变形，设非饱和膨胀土发生膨胀变形时其体应变的增量方程可描述为

$$d\varepsilon_v = \lambda'_{vp}\frac{d\bar{p}}{\bar{p}+f(s)} + \lambda'_{vs}\frac{ds}{\bar{p}+f(s)} \tag{2-4}$$

式中，$f(s)$ 为关于基质吸力的函数；λ'_{vp}和 λ'_{vs}分别是与净应力和基质吸力相关的膨胀指数，与 λ_{vp} 和 λ_{vs} 之间的关系相似，λ'_{vs}可表示为

$$\lambda'_{vs} = \begin{cases} \lambda'_{vp}, & s < s_{sa} \\ \lambda'_{vp}\dfrac{s_{sa}}{s}, & s \geqslant s_{sa} \end{cases} \tag{2-5}$$

为确定非饱和膨胀土发生膨胀变形时体变方程的增量形式，首先需要确定函数 $f(s)$ 的表达式。图 2-2 所示为净应力-吸力空间中的宏观结构中性加载线，若某个膨胀土试样的应力路径与图 2-2 所示的宏观结构中性加载线重合，则宏观结构尺度的塑性膨胀体应变增量为零，该应力路径上的弹性应变增量可表示为

$$d\varepsilon_{ve} = \kappa_{vp}\frac{d\bar{p}}{\bar{p}+f(s)} + \kappa_{vs}\frac{ds}{\bar{p}+f(s)} \tag{2-6}$$

式中，κ_{vp} 是与基质吸力大小无关的回弹系数；与 λ_{vp} 和 λ_{vs} 之间的关系相似，κ_{vs} 可表示为

$$\kappa_{vs} = \begin{cases} \kappa_{vp}, & s < s_{sa} \\ \kappa_{vp}\dfrac{s_{sa}}{s}, & s \geqslant s_{sa} \end{cases} \tag{2-7}$$

由式(2-4) 和式(2-6) 可得，沿着宏观结构中性加载线上的塑性体应变增量表达式为

$$d\varepsilon_{vp} = (\lambda'_{vp} - \kappa_{vp})\frac{d\bar{p}}{\bar{p}+f(s)} + (\lambda'_{vs} - \kappa_{vs})\frac{ds}{\bar{p}+f(s)} \tag{2-8}$$

由于试样的应力路径沿着宏观结构中性加载线时不发生塑性膨胀变形，所以式(2-8) 的值为零，将式(2-8) 整理后可得

$$\frac{d\bar{p}}{ds} = -\frac{\lambda'_{vs} - \kappa_{vs}}{\lambda'_{vp} - \kappa_{vp}} \tag{2-9}$$

式(2-9) 即为宏观结构中性加载线在净应力-吸力空间中的轨迹，图 2-2 中 A 点和 B 点是宏观结构中性加载线上的两点，为得到宏观结构中性加载线的解析形

式，可沿着宏观结构中性加载线从 A 点到 B 点对式(2-9)进行积分，经整理后可以得到 MNL 的表达式为

$$\bar{p}_{\mathrm{MNL}}=\begin{cases}\bar{p}_{y\mathrm{MNL}}-s_{\mathrm{MNL}}, & s<s_{\mathrm{sa}}\\ \bar{p}_{y\mathrm{MNL}}-s_{\mathrm{sa}}-s_{\mathrm{sa}}\ln\dfrac{s_{\mathrm{MNL}}}{s_{\mathrm{sa}}}, & s\geqslant s_{\mathrm{sa}}\end{cases} \tag{2-10}$$

式中，$\bar{p}_{y\mathrm{MNL}}$ 是宏观结构中性加载线与平均净应力轴交点的坐标值；($\bar{p}_{\mathrm{MNL}}$，s_{MNL}) 是宏观结构中性加载线上的任意一点。式(2-10) 是宏观结构中性加载线在净应力-吸力空间中的表达式。若某非饱和膨胀土试样的应力状态位于图 2-2 中的 A 点，对该试样进行吸湿试验，则该试样会发生塑性膨胀变形，故宏观结构中性加载线会向原点移动；如图 2-2 中 B 点处的箭头所示，吸湿试验结束后试样的宏观结构中性加载线位于初始宏观结构中性加载线的左侧，则在吸湿过程中膨胀应变的增量形式可表示为

$$\mathrm{d}\varepsilon_{\mathrm{v}}=\lambda'_{\mathrm{vp}}\frac{\mathrm{d}\bar{p}_{y\mathrm{MNL}}}{\bar{p}_{y\mathrm{MNL}}} \tag{2-11}$$

将式(2-10) 代入式(2-11)，经整理后可得

$$\mathrm{d}\varepsilon_{\mathrm{v}}=\begin{cases}\lambda'_{\mathrm{vp}}\dfrac{\mathrm{d}\bar{p}_{\mathrm{MNL}}}{\bar{p}_{\mathrm{MNL}}+s_{\mathrm{MNL}}}+\lambda'_{\mathrm{vp}}\dfrac{\mathrm{d}s_{\mathrm{MNL}}}{\bar{p}_{\mathrm{MNL}}+s_{\mathrm{MNL}}}, & s_{\mathrm{MNL}}<s_{\mathrm{sa}}\\ \lambda'_{\mathrm{vp}}\dfrac{\mathrm{d}\bar{p}_{\mathrm{MNL}}}{\bar{p}_{\mathrm{MNL}}+s_{\mathrm{sa}}+s_{\mathrm{sa}}\ln\dfrac{s_{\mathrm{MNL}}}{s_{\mathrm{sa}}}}+\lambda'_{\mathrm{vp}}\dfrac{s_{\mathrm{sa}}}{s_{\mathrm{MNL}}}\dfrac{\mathrm{d}s_{\mathrm{MNL}}}{\bar{p}_{\mathrm{MNL}}+s_{\mathrm{sa}}+s_{\mathrm{sa}}\ln\dfrac{s_{\mathrm{MNL}}}{s_{\mathrm{sa}}}}, & s_{\mathrm{MNL}}\geqslant s_{\mathrm{sa}}\end{cases} \tag{2-12}$$

结合式(2-4)、式(2-5)、式(2-11) 和式(2-12) 可得 $f(s)$ 的表达式为

$$f(s)=\begin{cases}s_{\mathrm{MNL}}, & s_{\mathrm{MNL}}<s_{\mathrm{sa}}\\ s_{\mathrm{sa}}+s_{\mathrm{sa}}\ln\dfrac{s_{\mathrm{MNL}}}{s_{\mathrm{sa}}}, & s_{\mathrm{MNL}}\geqslant s_{\mathrm{sa}}\end{cases} \tag{2-13}$$

当非饱和膨胀土发生膨胀变形时，膨胀应变的增量形式可通过式(2-4) 和式(2-13) 计算得到，非饱和膨胀土发生塑性膨胀变形时的变形规律如图 2-3 所示。图 2-3(a) 中 A 点与 B 点的净应力相等，A 点的吸力大于 B 点的吸力，若同时卸载这两个试样的基质吸力，则 A 点的膨胀变形将会大于 B 点的膨胀变形，这

个趋势可通过式(2-13)方便地判断出；图2-3(b)中A点和B点的吸力相等，A点的净应力小于B点的净应力，若同时对这两个试样进行基质吸力卸载，则A点的膨胀变形将会大于B点的膨胀变形，这个变形规律同样也可采用式(2-13)方便地判断出。若采用GA模型判断图2-3所示A，B两点的应变大小，则需先确定当前状态的净应力和前期固结压力的比值，才可判断膨胀变形趋势，相比于本书的模型略显复杂。

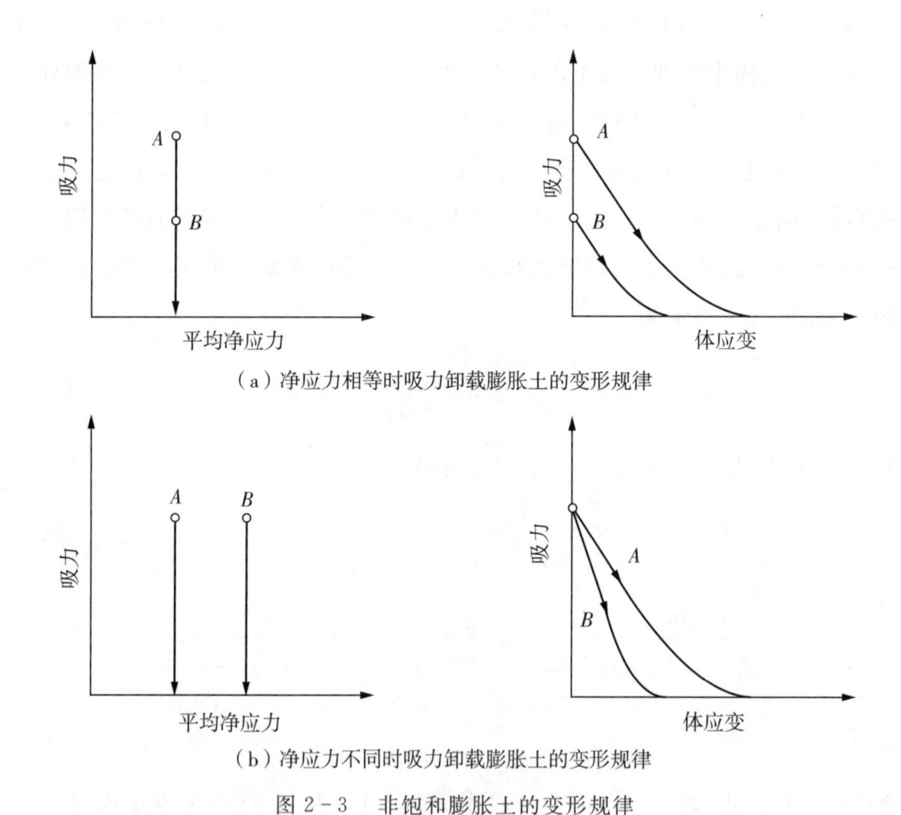

图2-3　非饱和膨胀土的变形规律

在平均净应力恒定时，卸载非饱和膨胀土试样的基质吸力，微观结构会发生膨胀变形，微观尺度的变形影响宏观结构，膨胀土发生塑性膨胀变形。本书提出的模型不再区分微观尺度的变形和宏观尺度的变形，宏观结构中性加载面在本书提出的模型中扮演着膨胀势面的角色。以某个非饱和膨胀土试样为例，该试样的初始应力状态为图2-4中的A点，若试样的应力路径为A至B，试样会发生宏观尺度的膨胀变形，试样的孔隙比变大，试样的土骨架会因塑性膨胀变形而重新排列，加载湿陷屈服线由于土骨架的重排列而向左移动，如图2-4所示。

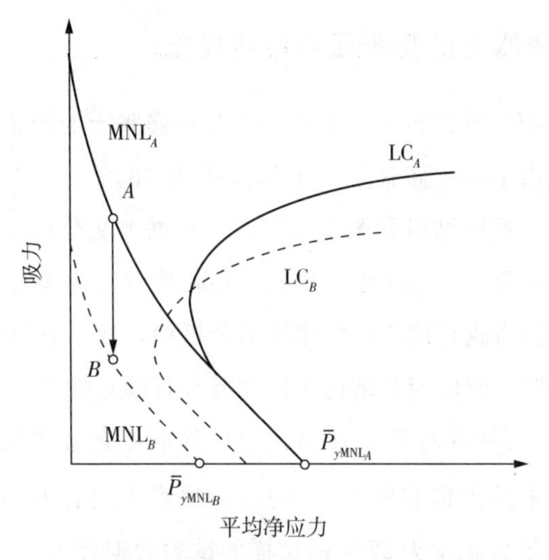

图 2-4　宏观结构中性加载线与加载湿陷曲线之间的耦合

2.2.3　非饱和膨胀土的水力特性

预测膨胀土的饱和度变化是本构关系中的重要一环，Sun 等[164] 和 Masin[165] 认为饱和度由基质吸力和孔隙比决定，为方便模型预测非饱和膨胀土饱和度的变化，饱和度的增量形式可表示为

$$dS_r = -\frac{\alpha}{s}ds - \lambda_{sr}de \tag{2-14}$$

式中，

$$\alpha = \begin{cases} \lambda_s, & \text{主脱湿或主吸湿曲线} \\ \kappa_s, & \text{扫描线} \end{cases} \tag{2-15}$$

λ_s 和 κ_s 分别为主脱/吸湿曲线和扫描线的斜率；λ_{sr} 为基质吸力恒定时孔隙比与饱和度的关系曲线的斜率。

2.3　非饱和膨胀土的本构关系验证

本章提出的非饱和膨胀土的本构关系相比初始的 SFG 模型只增加了一个参数 λ'_{vp}，本节采用文献中非饱和膨胀土的试验数据对提出的非饱和膨胀土宏观尺度的本构关系进行了详细的验证。

2.3.1 非饱和膨胀土的膨胀压力曲线模拟

Shalom和Kassiff[166]进行了一系列的试验对膨胀土的膨胀压力曲线进行了详细的研究，试验采用Israel膨胀土，土的液限为78％～85％，塑限为58％～63％，比重为2.75。试验结果如图2-5所示，根据上文分析可知当应力路径与宏观结构中性加载线重合时，膨胀土试样的塑性膨胀变形为零，基质吸力卸载导致的弹性回弹与净应力加载导致的弹性体缩部分抵消，故沿着该应力路径的弹性体变增量几乎可以忽略，所以宏观结构中性加载线可通过图2-5中的试验数据进行验证。由式(2-10)可知在计算宏观结构中性加载线前需先确定饱和吸力 s_{sa} 的值，由于文献中并未给出饱和吸力 s_{sa} 的值，故需先对饱和吸力 s_{sa} 的值进行校核。将图2-5中初始含水率为27％的试样的试验数据代入式(2-10)中，计算得到的饱和吸力为50 kPa。模型预测得到的膨胀压力曲线如图2-5所示，在低吸力时膨胀压力曲线与 x 轴的夹角大约为45°，夹角随着吸力的升高而不断增大。模型的预测结果与试验数据基本吻合，表明本书提出的宏观结构中性加载面假设是正确的。

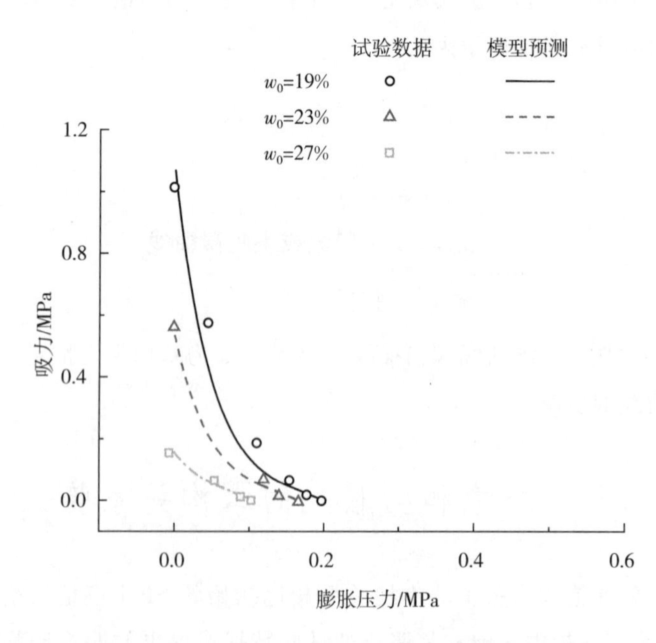

图2-5　膨胀压力曲线试验结果与本书模型预测结果对比

2.3.2 非饱和膨胀土的膨胀特性模拟

Lloret 等[167] 对高吸力条件下膨润土的力学特性进行了详细的研究，在进行吸湿试验前，试样的基质吸力高达 550 MPa，该试验数据为检验高吸力条件下本书所提出的非饱和膨胀土的本构关系的适用性提供了支持。膨润土中蒙脱石的含量高于 90%，膨润土的液限为 98% ~ 106%，塑限为 50% ~ 56%，由文献中给出的膨润土的土水特征曲线可知饱和吸力为 8 MPa，膨润土的压缩系数、回弹系数和膨胀系数可通过文献中 S2，S3，S4 这三组的试验数据校核得到，其值分别为 0.08，0.005，0.05。

S1 试样的初始竖向应力和吸力分别为 5.1 MPa 和 460 MPa，S5 试样的初始竖向应力和吸力分别为 0.1 MPa 和 520 MPa。S1 和 S5 试样的试验数据如图 2-6 所示，由试验结果可知，在高吸力范围内，两个试样的膨胀变形发展都较为缓慢，随着基质吸力的降低，两个试样的膨胀变形发展速率开始加快，随着吸力的继续降低，两个试样的变形趋势出现变化，S1 试样在低吸力阶段基本不发生膨胀变形，而 S5 试样在低吸力阶段膨胀变形急剧发展。本书提出的非饱和膨胀土的本构关系很好地预测了这两个试样在基质吸力卸载时发生的膨胀变形趋势，模型预测结果与试验数据基本一致，证明了本书提出的模型的有效性。

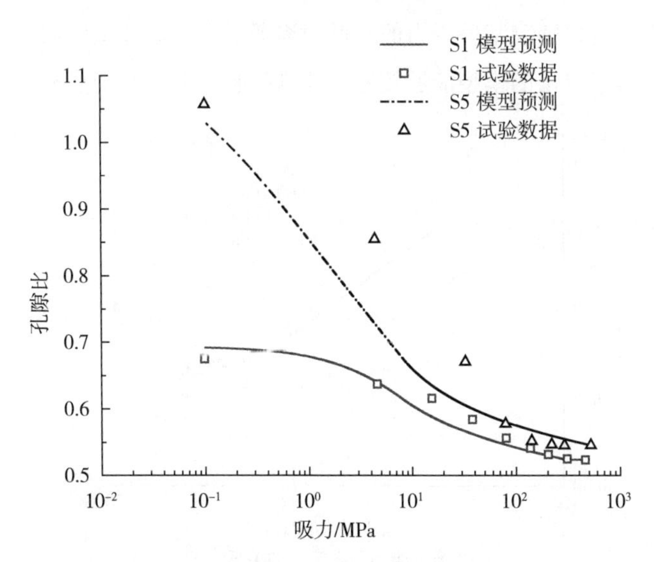

图 2-6 S1 和 S5 试样的模型预测结果与试验数据对比

Sun 等[168] 采用吸力控制式的固结仪对砂和膨润土的混合物进行了详细的研

究，膨润土和砂按照 3∶7 的比例混合，试验过程中基质吸力的变化区间为 0～2700 kPa，当试样的基质吸力大于 1300 kPa 时，采用滤纸法测定基质吸力。在 10 kPa 恒定净应力的条件下分别将四个试样的吸力卸载至 300 kPa，600 kPa，1200 kPa ，1500 kPa。本构模型中需要的材料参数如表 2-1 所示。

表 2-1　砂-膨润土混合物的材料参数

模型变量	参数值	模型变量	参数值
λ_{sr}	0.5	λ_{vp}	0.14
λ_{s}	0.15	λ'_{vp}	0.03
κ_{s}	0.03	κ_{vp}	0.02
s_{sa}	1.1 MPa	—	

在基质吸力卸载过程中孔隙比和饱和度的试验结果和模型预测结果如图 2-7 所示。由图 2-7(a) 可知，当吸力卸载时，试样发生膨胀变形，在基质吸力卸载的初始阶段，试样的膨胀变形发展较为缓慢，随着试样基质吸力的减小，试样的膨胀变形速率明显增快，在四个试样的平均净应力和初始基质吸力都相等的情况下，试样的膨胀变形量与卸载后的基质吸力的大小有关，基质吸力越小的试样，其膨胀变形量越大。由图 2-7(b) 可知，虽然膨胀土发生了膨胀变形，试样的孔隙比也增大，但饱和度仍随着基质吸力的降低而逐渐增大。通过试验数据与模型预测结果的对比可知本书提出的模型能够较好地预测膨胀土的膨胀变形和水力特征。

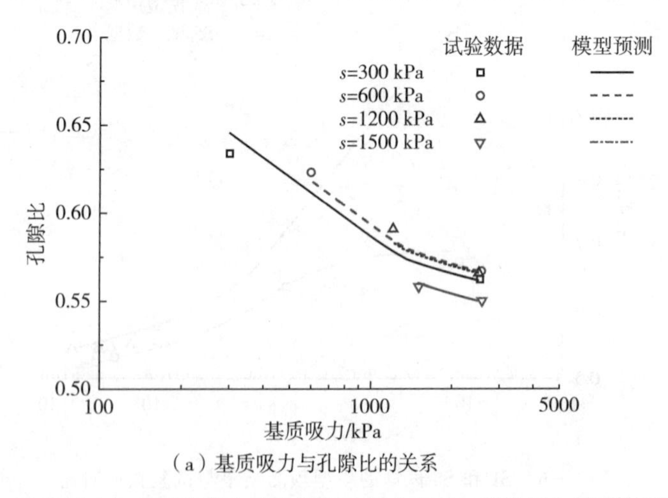

（a）基质吸力与孔隙比的关系

图 2-7　基质吸力卸载时膨润土的孔隙比和饱和度的试验数据与模型预测结果对比

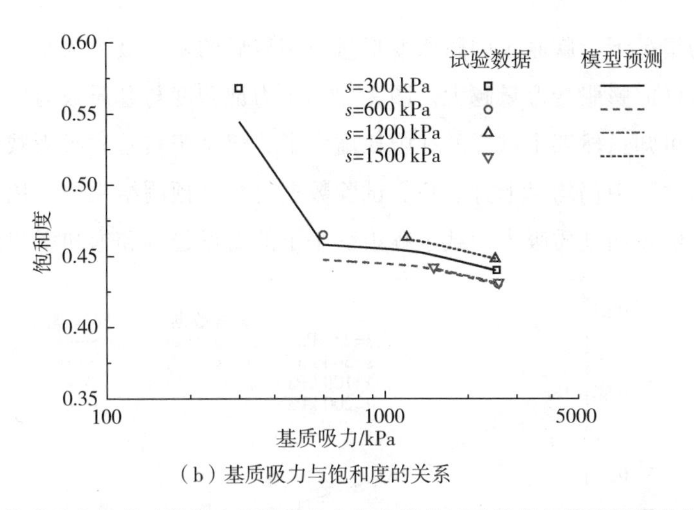

(b) 基质吸力与饱和度的关系

图 2-7　基质吸力卸载时膨润土的孔隙比和饱和度的试验数据与模型预测结果对比(续)

2.3.3　膨胀变形后非饱和膨胀土的压缩特性模拟

Zhan 等[169] 对非饱和膨胀土的力学性质进行了详细的研究，试验中使用的膨胀土为中等膨胀土，其液限和塑性指数分别为 50.5% 和 31，膨胀土试样压实后的初始含水率为 18.5%，四个试样的初始基质吸力为 540 kPa。在 20 kPa 平均净应力条件下将四个试样的基质吸力分别卸载至 25 kPa，50 kPa，100 kPa，200kPa，测量四个膨胀土试样在基质吸力卸载时发生的膨胀变形，当四个试样的膨胀变形发展稳定后，在基质吸力恒定的条件下将净应力加载至 200 kPa，研究非饱和膨胀土发生膨胀变形后的压缩特性。模型中所需要的本构模型参数可通过文献中给出的试验数据校核得到，其值见表 2-2 所列。

表 2-2　膨胀土的材料参数

模型变量	参数值	模型变量	参数值
λ_{sr}	0.83	λ_{vp}	0.05
λ_s	0.1	λ'_{vp}	0.035
κ_s	0.03	κ_{vp}	0.01
s_{sa}	25 MPa	—	

图 2-8 为膨胀土在基质吸力卸载时孔隙比和饱和度的变化趋势。图 2-8(a) 为基质吸力与孔隙比的关系曲线，由试验结果可知四个试样在净应力和初始基质

吸力相等的情况下，膨胀土的膨胀变形量与卸载后的基质吸力大小有关，基质吸力越小，试样的膨胀变形量越大。图 2－8(b) 为饱和度与基质吸力的关系曲线，由试验结果可知虽然四个试样的孔隙比增大了，但由于其基质吸力减小，饱和度在试样变形过程中仍均呈上升趋势。试验数据与模型预测结果的对比表明本书提出的模型能够预测基质吸力卸载过程中膨胀土的变形趋势和饱和度变化。

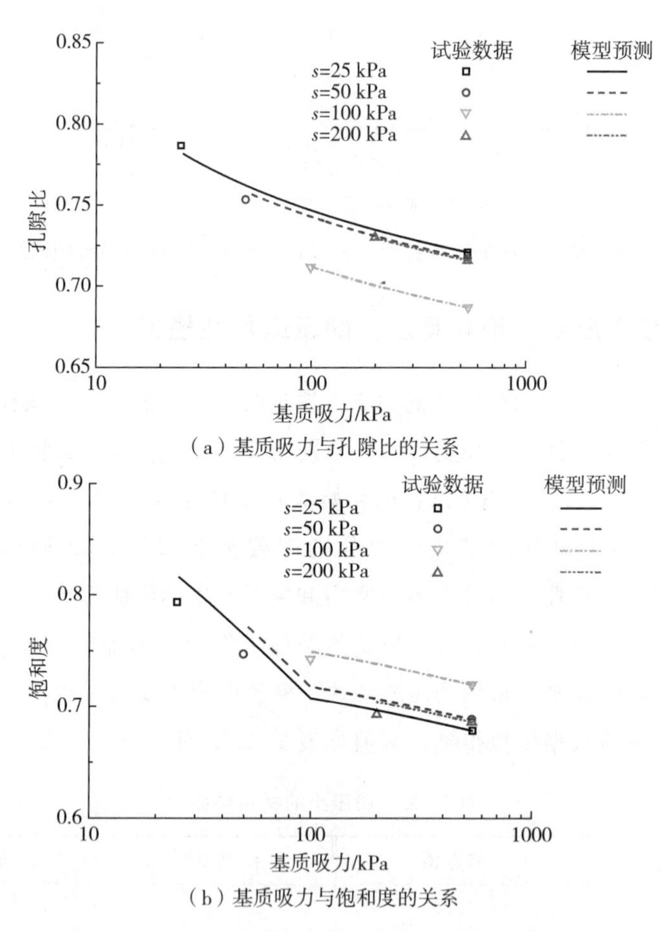

图 2－8　膨胀土在基质吸力卸载时的膨胀变形试验数据与模型预测结果对比

图 2－9 为非饱和膨胀土发生膨胀变形后的压缩性质和水力特性的试验结果和模型预测结果。由图 2－9(a) 中的试验结果可知试样在基质吸力卸载阶段的膨胀变形越大，在随后的压缩试验中屈服应力越小。这是由于四个试样在基质吸力卸载前的初始状态基本相同，在基质吸力卸载阶段，四个试样的最终基质吸力各不相同，发生了不同程度的膨胀变形，由上文的分析可知宏观结构中性加载面的移

动会让加载湿陷屈服面随之移动，膨胀变形量越大的试样其加载湿陷屈服面向原点移动的距离也越大，加载湿陷屈服面移动距离越大的试样在等压压缩时的屈服应力越小，所以在等压压缩阶段，试验测得的四个试样的屈服应力各不相同。图2-9(a)中模型预测结果与试验结果的对比表明本书所提出的模型很好地预测了这种趋势。图2-9(b)所示为平均净应力与饱和度的关系，四个试样在压缩过程中虽然基质吸力保持恒定，但由于孔隙比随着净应力的增大而减小，所以四个试样的饱和度均呈上升趋势。试验结果与模型预测结果的对比表明本书所提出的模型能够很好地预测非饱和膨胀土的力学性质和水力特性。

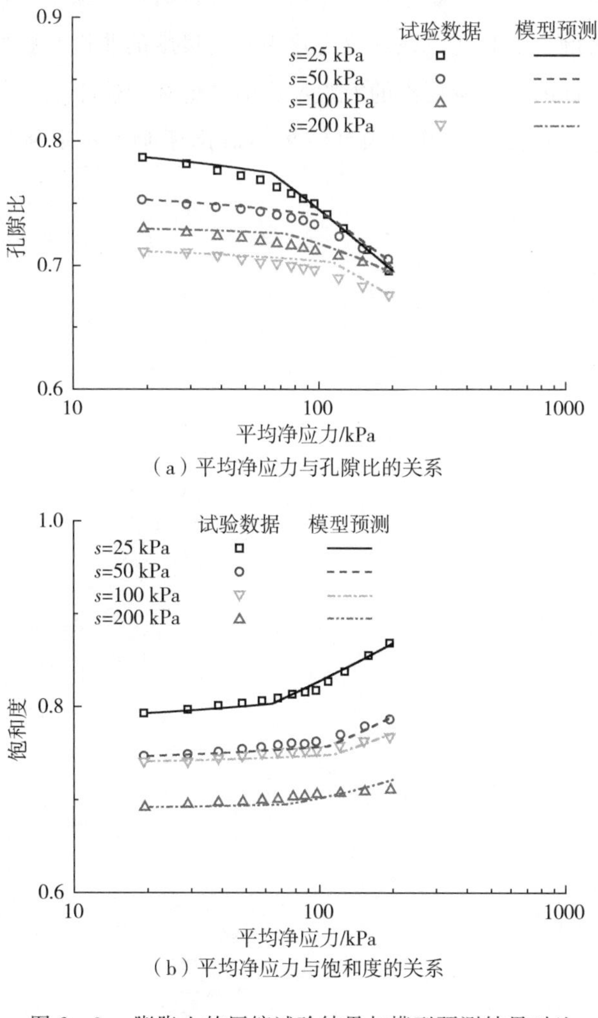

(a) 平均净应力与孔隙比的关系

(b) 平均净应力与饱和度的关系

图2-9 膨胀土的压缩试验结果与模型预测结果对比

2.4 本章小结

本章提出了非饱和膨胀土的宏观结构中性加载线(MNL)假设，建立了宏观尺度的非饱和膨胀土的本构模型。该模型具有以下优点：不需区分微观尺度的变形和宏观尺度的变形，模型框架简单，便于模型的使用；该模型没有双尺度模型中微观尺度参数多和难以通过传统土力学试验确定的缺点，本书建立的宏观尺度的非饱和膨胀土的本构模型与原模型相比只增加了一个参数，模型新增的参数少，且该参数易于确定。宏观结构中性加载线理论通过文献中的试验数据与模型预测结果的对比得到了验证，该理论为建立宏观尺度的非饱和膨胀土的本构模型提供了依据。本章最后对所提出的宏观尺度的非饱和膨胀土的本构关系进行了详细的验证，通过试验数据与模型预测结果的对比证明了本书所提出的模型的有效性。

3　水力-力学耦合的非饱和土弹塑性本构关系及其验证

3.1　引　　言

非饱和土与饱和土相比表现出复杂的力学特性，饱和土的力学特性可以采用太沙基有效应力原理进行预测，而非饱和土是由固相、液相和气相组成的三相混合物，所以太沙基有效应力原理并不适用于非饱和土。构建非饱和土的本构关系首先需选择基本的本构变量，自从 Alonso 等[124]开创性地提出 BBM 模型以来，非饱和土的本构关系普遍采用基质吸力作为一个基本的本构变量。近年来，为解决特定的非饱和土问题，学者们在 BBM 模型的框架内提出了许多非饱和土的本构模型，净应力和基质吸力作为两个基本的应力变量常被用于构建非饱和土的本构关系[41,124,127,130]。由于这类模型无法从非饱和土的本构模型平滑过渡至饱和土的本构模型，所以常采用“有效应力”和基质吸力作为构建非饱和土本构模型的两个基本应力变量[28,134,170-174]，以解决采用基质吸力和净应力作为应力变量的本构模型不能在饱和土的本构关系和非饱和土的本构关系之间平滑过渡的问题。直接采用基质吸力作为非饱和土本构关系的一个基本应力变量，使得非饱和土的本构模型可以预测抗剪强度随基质吸力的变化和净应力恒定的条件下吸力卸载引起的湿陷现象。选择净应力和基质吸力为变量建立非饱和土本构关系的主要原因：一是轴平移技术的提出使得在实验室中对基质吸力进行精确控制成为可能；二是 Fredlund 和 Morgenstern[21]提出了非饱和土的双变量理论，指出通过净应力和基质吸力即可确定非饱和土体中任意一点的应力状态；三是在实验室中可以方便地对净应力和基质吸力进行控制，试样经历的应力路径与试验条件吻合。

选择基质吸力作为基本变量之一的本构模型，常先验地将非饱和土压缩曲线的斜率设为基质吸力的函数，但学者们对非饱和土的压缩系数随基质吸力的变化趋势并未达成统一的共识。Estabragh 和 Javadi[47]、Alonso 等[124]认为非饱和土的压缩系数随着基质吸力的升高而减小，而 Loret 和 Khalili[172]认为非饱和土的压缩系数随着基质吸力升高而变大，这两种观点显然是矛盾的。采用这两种观点建立的非饱和土的本构关系均存在理论上的不足，若非饱和土的压缩系数随着基质吸力的升高而减小，则非饱和土发生湿陷时产生的体应变将随着净应力的升高而变大，这显然与试验现象不符[36]；若非饱和土的压缩系数随着基质吸力升高而变大，则意味着基质吸力恒定条件下非饱和土的压缩曲线在高应力状态下将穿过饱和土的压缩曲线，位于饱和土的压缩曲线的下方，而这显然与 Jotisankasa[38]的试验数据不符。关于非饱和土的压缩系数随基质吸力的变化趋势的试验研究结果也未观察到一致的试验现象，Cui 和 Delage[41]、Rampino[42]、Cuningham[175]的试验结果表明非饱和土的压缩系数随基质吸力的升高而减小，Sun 等[35]、Sivakumar 和 Wheeler[43]、Toll[176]、Sivakumar[177]、Toll 和 Ong[178]的试验结果表明非饱和土的压缩系数随着基质吸力的升高而变大，而 Jennings 和 Burland[18]对风干非饱和土试样的研究结果表明非饱和土的压缩系数与基质吸力无关。

选择基质吸力作为非饱和土本构关系的变量之一的另一个缺陷是非饱和状态对土体性质的影响是通过基质吸力来考虑的，这低估了饱和度对非饱和土力学性质的影响。Wheeler 等[7](2003) 指出，饱和度对非饱和土的应力-应变关系有显著的影响，由于水力滞回现象的存在，在相同的基质吸力条件下非饱和土的饱和度可以是不同的，在基质吸力相同而饱和度不同的条件下，非饱和土的应力-应变关系是有差异的。近年来，有学者认为非饱和土的体变特性也与饱和度相关[179]。非饱和土的体变规律是建立非饱和土本构关系的基础，将非饱和土的压缩系数认为是关于基质吸力的函数还需要进一步的研究论证。基于上述因素，本章采用骨架应力和饱和度作为基本的本构变量，建立水力-力学的非饱和土的本构模型，并对非饱和土的体变特性从新的角度进行解释。

3.2 非饱和土的体变规律

3.2.1 非饱和土的硬化效应

为使建立的非饱和土的本构关系能够平滑退化至饱和土的本构模型，选取骨架应力作为本构关系中的应力变量，其形式如式(3-1)所示。

$$\sigma'_{ij}=(\sigma_{ij}-u_{a}\delta_{ij})+S_{r}(u_{a}-u_{w})\delta_{ij}=\bar{\sigma}_{ij}+S_{r}s\delta_{ij} \tag{3-1}$$

式中，s 为基质吸力；δ_{ij} 为克罗内克符号。Bishop 有效应力中的权重因子 χ 表示单位体积的土体中基质吸力对土体的影响，Gens[180] 建议对 Bishop 有效应力中的权重因子 χ 采取体积均分的方法确定，这时权重因子 χ 等于饱和度，所以骨架应力也常被称作"有效应力"，当非饱和土变为饱和土时，式(3-1)退化为太沙基有效应力公式。

若只选用骨架应力作为本构变量，则很难描述非饱和土吸力卸载时的湿陷和预固结应力随着基质吸力升高而变大等现象。在建立非饱和土的本构关系时需要考虑基质吸力对非饱和土的两种作用：一是非饱和土在基质吸力升高时会产生不可恢复的体积变形；二是土颗粒接触处的弯液面内负孔隙水压对土骨架产生的稳定效应会减小土颗粒之间的相对滑动[7]。基质吸力对非饱和土的力学特性的影响是上述两种效应相互作用的结果。

假设某泥浆土试样先在基质吸力为 0 kPa 的条件下固结至平均净应力为 $\bar{p}_0$，随后维持平均净应力 $\bar{p}_0$ 不变对试样施加基质吸力 s_0，这时试样的饱和度为 S_{r0}，最后维持基质吸力 s_0 不变，将试样的平均净应力加载至 $\bar{p}$，其饱和度为 S_r，泥浆土试样的应力路径如图 3-1 所示。

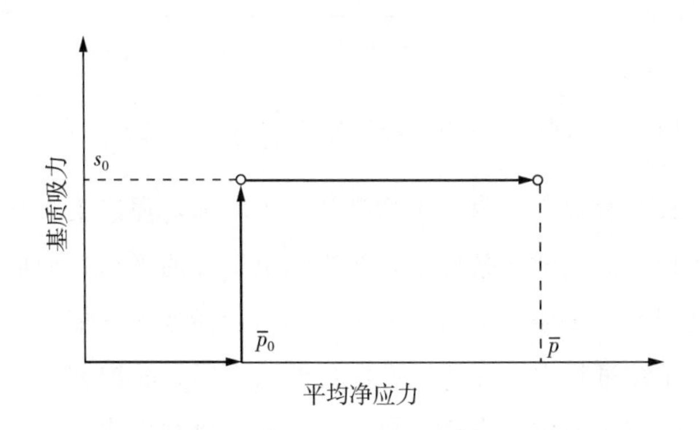

图 3-1　泥浆土试样的应力路径

泥浆土试样在基质吸力为 0 kPa 的条件下固结至平均净应力为 $\bar{p}_0$ 的过程中处于饱和状态，所以其 $e-\ln p'$ 曲线在固结的过程中沿着饱和土的正常固结曲线，如图 3-2 所示。随后的脱水阶段，在试样的基质吸力小于进气值前，试样仍处于饱和状态，所以升高基质吸力与加大有效应力对土体的作用是相同的，故$e-\ln p'$曲线在基质吸力小于进气值前仍与饱和土的压缩曲线重合。当基质吸力超过进气值时，土颗粒间的相对滑动会由于基质吸力提供的稳定效应而变小，所以增加基质吸力对非饱和土体变的影响变小，如图3-2所示，在基质吸力增加的过程中非饱和土的压缩曲线逐渐向饱和土压缩曲线的右侧移动。在基质吸力恒定的压缩过程中，试样处于非饱和状态，屈服应力因增长的基质吸力而变大，试样的应力状态位于屈服面的内部，随着平均净应力的继续增加，试样的平均骨架应力与屈服应力相等，试样达到屈服，最后试样的$e-\ln p'$曲线的斜率与非饱和土正常压缩曲线的斜率相等。

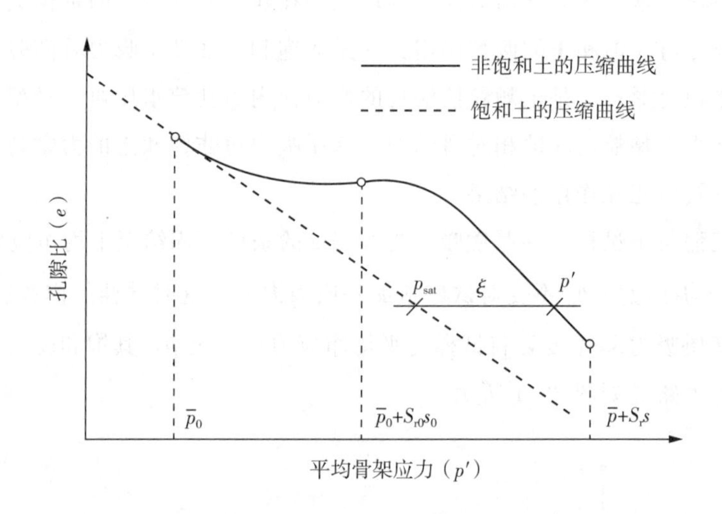

图3-2　泥浆土试样孔隙比与平均骨架应力之间的关系

基质吸力加载的过程中，由于平均骨架应力增加，泥浆土试样发生不可恢复的体积变形，在相同的孔隙比条件下，非饱和土试样的平均骨架应力与饱和土的平均有效应力之间的水平距离随着基质吸力的增加而变大，如图3-2所示。而在基质吸力恒定的压缩过程中，在相同孔隙比的条件下，非饱和土试样与饱和土试样之间的水平距离在压缩过程中逐渐变小。水平距离的变化与非饱和土基质吸力加载及压缩过程中土颗粒间接触处的弯液面的生成和消失有关，由于弯液面对土骨架产生稳定效应，非饱和土的压缩曲线在孔隙比和平均骨架应力空间中位于饱和土的右侧，这表示在相同的孔隙比条件下，与饱和土相比非饱和土能够承受更大的荷载。将非饱和土与饱和土的压缩曲线之间的水平距离定义为非饱和土的硬

化效应 ξ，如图 3 - 2 所示，可得硬化效应 ξ 的表达式为

$$\xi = \ln p' - \ln p'_{sat} = \ln \frac{p'}{p'_{sat}} \tag{3-2}$$

式中，p'_{sat} 为饱和土的太沙基有效应力。

在对泥浆土进行基质吸力加载和压缩的过程中，非饱和土的硬化效应 ξ 先增大后减小对应于土颗粒间的弯液面的形成与消散。在基质吸力加载的过程中，饱和度降低，非饱和土的硬化效应变大，而在压缩过程中，基质吸力恒定，饱和度升高，非饱和土的硬化效应降低，所以非饱和土的硬化效应可能与饱和度是相关的，由于在压缩过程中基质吸力是恒定的，故硬化效应与基质吸力无直接联系，并且观察式(3 - 2) 可知，硬化效应 ξ 为无量纲的量，而饱和度也为无量纲的量，这增加了硬化效应 ξ 与饱和度存在某种关系的可能性。这个假设不仅是建立水力-力学耦合的非饱和土的本构关系的基础，也为理解非饱和土的力学行为提供了新的视角。

3.2.2 硬化效应与饱和度的关系

1998 年，Sharma[181] 分别在 100 kPa，200 kPa，300 kPa 基质吸力恒定的条件下对非饱和土进行了等压压缩试验，试样由 90% 的高岭土和 10% 的膨润土组成，并且在 25% 初始含水率的条件下压实。在压缩过程中对试样的 e_w(单位体积的土中水的体积) 进行了测定以计算试样饱和度的变化。Sharma 并未对饱和土试样进行各向同性的压缩试验，在基质吸力未超过进气值时，试样处于饱和状态，这时太沙基有效应力原理仍然是适用的，所以饱和土的正常压缩曲线可通过净应力恒定条件下基质吸力加载的试验结果计算得到。将基质吸力恒定的压缩试验结果重新绘制于孔隙比和平均骨架应力的半对数坐标系中，如图 3 - 3 所示。

分别计算压缩过程中试样的饱和度与硬化效应，并将结果绘制于硬化效应和饱和度的半对数坐标系中，如图 3 - 4 所示。在压缩过程中，非饱和土的硬化效应由于饱和度的升高而减小，具有不同初始基质吸力和不同初始饱和度的非饱和土试样的硬化效应与饱和度在半对数坐标系中呈线性关系且位于同一条直线之上，这表明非饱和土的硬化效应与基质吸力是无关的。对三个试样的试验数据进行线性拟合得到相关系数为 0.99。

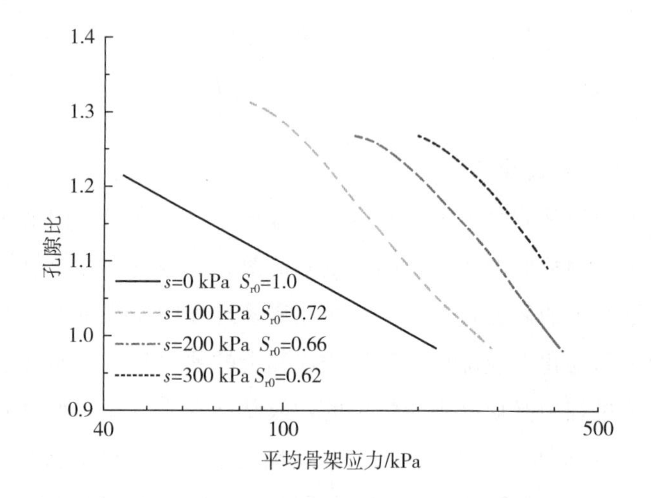

图 3-3　基质吸力恒定条件下非饱和土高岭土试样的压缩试验

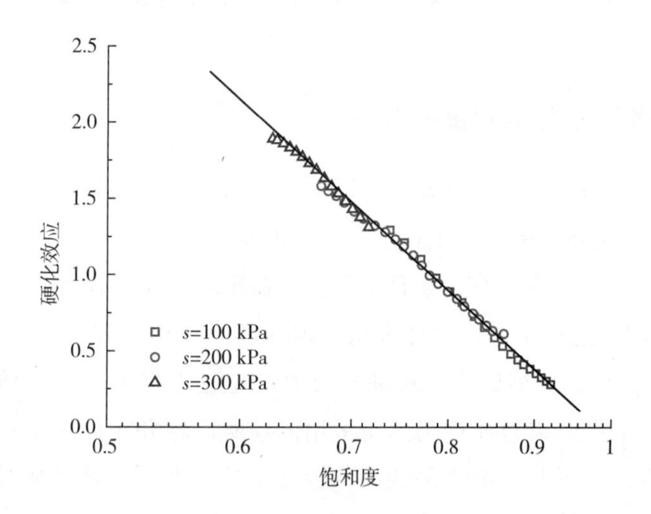

图 3-4　基质吸力恒定条件下非饱和土硬化效应与饱和度的关系

2005 年，Jotisankasa[38]对粉质黏土进行了不排水条件下的固结试验，试验用土由 70% 的粉土、20% 的高岭土和 10% 的黏土组成。在土料中加入不同质量的水得到不同的目标含水率，最后压实成具有不同初始含水率的试样。在试样固结的过程中，基质吸力由吸力探针测得。试样在不排水固结的过程中，随着孔隙比的减小，其饱和度上升，基质吸力也减小。将试验数据重新整理，并将结果绘制于硬化效应和饱和度的半对数坐标系中，如图 3-5 所示。对图 3-5 中具有不同初始含水率的试样的试验数据进行线性拟合得到相关系数为 0.98，不排水条件下的固结试验结果表明硬化效应与饱和度在半对数坐标系中呈线性关系，且与试样的初始含水率和试验过程中的基质吸力无关。

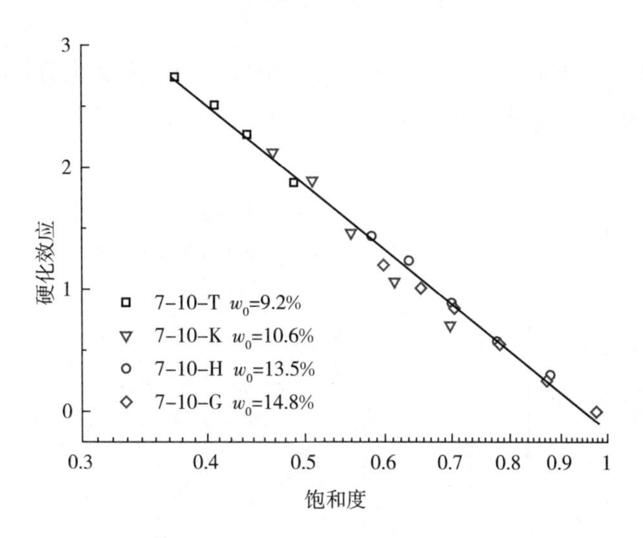

图 3-5　不排水条件下非饱和土硬化效应与饱和度的关系

3.2.3　非饱和土的体变方程

图 3-4 和图 3-5 中的试验结果证明了上文提出的硬化效应是饱和度的函数的观点，并且饱和度 S_r 和硬化效应 ξ 在半对数坐标系中呈线性关系。

$$\xi(S_r) = \langle a\ln S_r + b \rangle \tag{3-3}$$

式中，a 和 b 为材料参数，可由硬化效应和饱和度的试验结果线性拟合得到。根据饱和度与硬化效应的关系，采用骨架应力和饱和度作为本构变量描述非饱和土的力学特性，非饱和土的孔隙比和硬化效应确定后，即可得到非饱和土的骨架应力。饱和土的正常固结曲线可由下式表示：

$$e = N - \lambda\ln\frac{p'_{sat}}{p'_r} \tag{3-4}$$

式中，λ 为饱和土的压缩系数；p'_r为参考应力。非饱和土孔隙比和平均骨架应力之间的关系可由式(3-2) 带入式(3-4) 得到：

$$e = N - \lambda\ln\frac{p'}{p'_r} + \lambda\xi(S_r) \tag{3-5}$$

式(3－5)可表示成增量形式：

$$-\mathrm{d}e=\lambda\frac{\mathrm{d}p'}{p'}-\lambda\frac{\partial\xi(S_r)}{\partial S_r}\mathrm{d}S_r \tag{3-6}$$

由式(3－6)可知，非饱和土的体变由两部分组成，即应力变化引起的体变与饱和度升高导致硬化效应衰退所引起的体变，如图3－6所示。

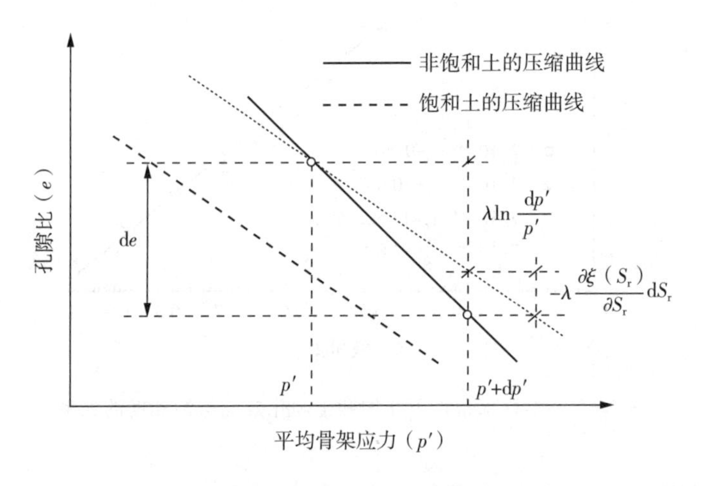

图3－6　非饱和土体变的分解

由式(3－6)可知，若对非饱和土进行饱和度恒定的压缩试验，则非饱和土的压缩系数与饱和土的压缩系数相同，并在压缩过程中保持恒定。Zhang和Ikariya[139]在建立非饱和土的本构模型时假设非饱和土的正常固结曲线在不同的恒定饱和度条件下都与饱和土的正常固结曲线平行，这与本书推导的非饱和土的体变方程得出的结论相同。在基质吸力恒定的压缩试验中，非饱和土的饱和度由于孔隙比的减小而升高，式(3－6)中右侧第二项$-\lambda\frac{\partial\xi(S_r)}{\partial S_r}\mathrm{d}S_r$的值大于0，故非饱和土的正常压缩曲线的表观斜率会大于饱和土的正常压缩曲线的斜率，如图3－6所示；相反的，若在压缩过程中使非饱和土的饱和度降低，则硬化效应会由于饱和度的降低而增大，非饱和土表现出屈服应力随着基质吸力升高而增大的性质。

3.2.4　非饱和土的加载湿陷屈服面

加载湿陷(LC)屈服面描述了非饱和土在某一基质吸力或饱和度条件下等效

屈服应力的大小，通过加载湿陷屈服面可以判断非饱和土是否会发生湿陷变形，本节将推导非饱和土的加载湿陷屈服面。图3-7给出了饱和土和非饱和土的压缩曲线，图3-7中点1和点2处于同一屈服面上，将点2的体应变分为弹性体应变和塑性体应变两部分，点2的弹性体应变可表示为

$$\varepsilon_{ve}=\frac{\kappa}{1+e_0}\ln\frac{p'_x}{p'_r} \tag{3-7}$$

式中，ε_{ve} 为弹性体应变；κ 为回弹系数。点2的体应变可采用式(3-6)计算得到，则点2的塑性体应变为

$$\varepsilon_{vp}=\varepsilon_v-\varepsilon_{ve}=\frac{\lambda-\kappa}{1+e_0}\ln\frac{p'_x}{p'_r}-\frac{\lambda}{1+e_0}\xi(S_r) \tag{3-8}$$

式中，ε_{vp} 为塑性体应变；ε_v 为总体应变。点1的塑性体应变可采用相同的方法计算得到：

$$\varepsilon_{vp}=\frac{\lambda-\kappa}{1+e_0}\ln\frac{p'_c}{p'_r} \tag{3-9}$$

式中，p'_c为饱和土的等效屈服应力。由于点1和点2处于同一屈服面上，所以点1和点2的塑性体应变相等，结合式(3-8)和式(3-9)可以得到非饱和土的加载湿陷屈服面的表达式为

$$p'_x=p'_c e^{\frac{\lambda}{\lambda-\kappa}\xi(S_r)} \tag{3-10}$$

式(3-10)定义了饱和土的等效屈服应力 p'_c和非饱和土的屈服应力 p'_x之间的关系。

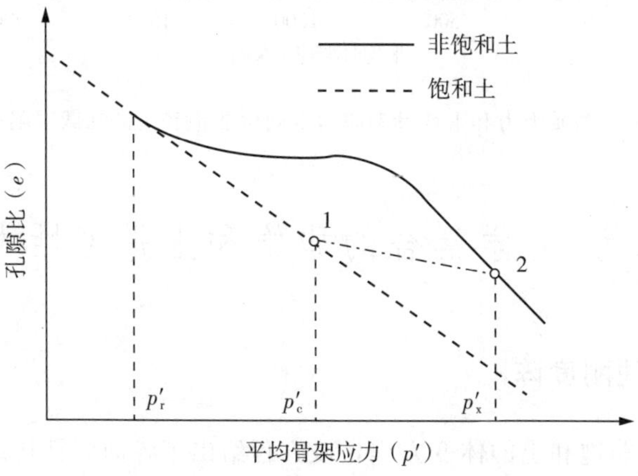

图3-7　非饱和土加载湿陷屈服面推导

式(3-10)表明非饱和土的屈服应力 p'_{x}和等效屈服应力 p'_{c}之间的关系由饱和度控制，这两者之间的关系可通过一个简单的算例进行说明。假设某非饱和土试样的材料参数λ，κ，a，b的值分别为0.1，0.03，－1.2，0，该土样的土水特征曲线为 $S_{r}=-0.1\ln s+1$，该土水特征曲线未考虑水力滞回，这是为了方便将非饱和土的加载湿陷屈服面绘制于骨架应力和基质吸力的空间中，若考虑土水特征曲线的水力滞回，可将本书推导的加载湿陷屈服面绘制于饱和度和骨架应力空间中。通过计算可得到如图3-8所示的加载湿陷屈服曲线，该图中也给出了净应力恒定条件下的吸湿路径，该吸湿路径分别穿越了等效屈服应力 p'_{c}分别为400 kPa，500 kPa，600 kPa的加载湿陷屈服面，表示该非饱和土试样在净应力恒定的吸湿过程中会发生湿陷现象。该算例也说明了本书提出的模型能预测非饱和土是否会发生湿陷。

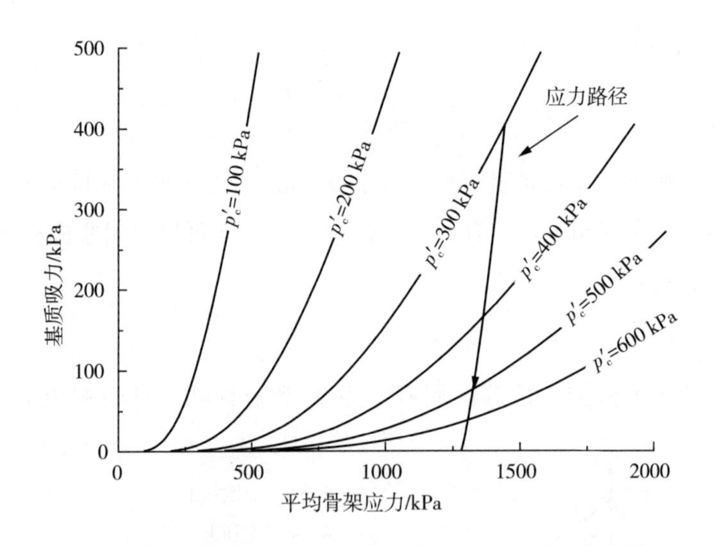

图3-8　基质吸力和平均骨架应力空间中非饱和土的加载湿陷屈服面

3.3　水力-力学耦合的非饱和土弹塑性本构关系

3.3.1　弹塑性刚度阵

上文给出了非饱和土的体变方程，该方程给出了各向同性压缩时非饱和土的本构关系，可通过引入修正的剑桥模型[128]将该本构关系推广至三维应力状态，饱和土和非饱和土在平均骨架应力-广义剪应力-饱和度空间中的屈服面如图 3-9 所示。

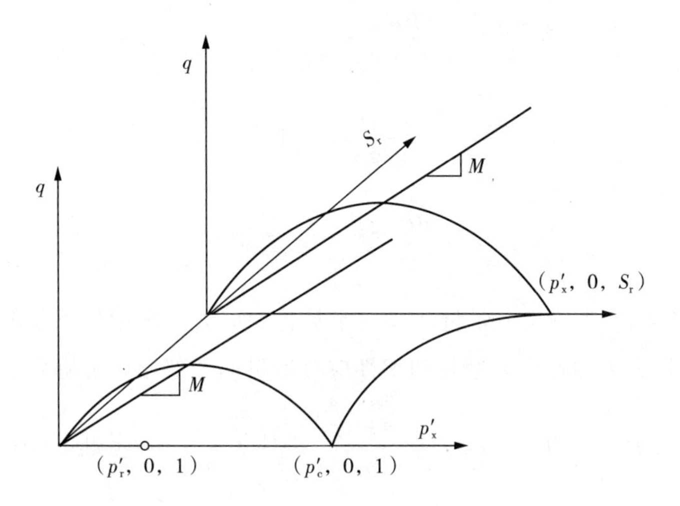

图 3-9 非饱和土与饱和土的屈服面

饱和土的屈服面方程可表示为

$$f=\frac{\lambda-\kappa}{1+e_0}\ln\frac{p'}{p'_c}+\frac{\lambda-\kappa}{1+e_0}\ln\left(1+\frac{q^2}{M^2p'^2}\right)=0 \tag{3-11}$$

式中，M 为临界状态应力比。非饱和土的屈服面方程可表示为相似的形式：

$$f=\frac{\lambda-\kappa}{1+e_0}\ln\frac{p'}{p'_x}+\frac{\lambda-\kappa}{1+e_0}\ln\left(1+\frac{q^2}{M^2p'^2}\right)=0 \tag{3-12}$$

将加载湿陷屈服面方程代入式(3-12)中可以得到：

$$f=\frac{\lambda-\kappa}{1+e_0}\ln\frac{p'}{p'_r}+\frac{\lambda-\kappa}{1+e_0}\ln\left(1+\frac{q^2}{M^2p'^2}\right)-\frac{\lambda-\kappa}{1+e_0}\ln\frac{p'_c}{p'_r}-\frac{\lambda}{1+e_0}\xi(S_r)=0 \tag{3-13}$$

式中，p'_r为参考应力。将式(3-13)化简可以得到：

$$f=\frac{\lambda-\kappa}{1+e_0}\ln\frac{p'}{p'_r}+\frac{\lambda-\kappa}{1+e_0}\ln\left(1+\frac{q^2}{M^2p'^2}\right)-\varepsilon_{vp}-\frac{\lambda}{1+e_0}\xi(S_r)=0 \tag{3-14}$$

式(3-14)微分后得到协调方程：

$$\mathrm{d}f=\frac{\partial f}{\partial \sigma'_{ij}}\mathrm{d}\sigma'_{ij}+\frac{\partial f}{\partial \varepsilon_{\mathrm{vp}}}\mathrm{d}\varepsilon_{\mathrm{vp}}+\frac{\partial f}{\partial S_{\mathrm{r}}}\mathrm{d}S_{\mathrm{r}}=0 \tag{3-15}$$

$$\frac{\partial f}{\partial \sigma'_{ij}}=\frac{\lambda-\kappa}{1+e_0}\left[\frac{M^2\sigma'^2_{\mathrm{m}}-q^2}{3\sigma'_{\mathrm{m}}(M^2\sigma'^2_{\mathrm{m}}+q^2)}\delta_{ij}+\frac{3s_{ij}}{(M^2\sigma'^2_{\mathrm{m}}+q^2)}\right] \tag{3-16}$$

$$\frac{\partial f}{\partial \varepsilon_{\mathrm{vp}}}=-1 \tag{3-17}$$

$$\frac{\partial f}{\partial S_{\mathrm{r}}}=-\frac{\lambda a}{1+e_0}\frac{1}{S_{\mathrm{r}}} \tag{3-18}$$

式(3-16)中，s_{ij} 为偏应力张量；σ'_{m}为平均骨架应力。采用相关联的流动法则，并将应变增量分为弹性应变增量和塑性应变增量两个部分，由胡克定律可得

$$\mathrm{d}f=\frac{\partial f}{\partial \sigma'_{ij}}E_{ijkl}\left(\mathrm{d}\varepsilon_{kl}-\Lambda\frac{\partial f}{\partial \sigma'_{kl}}\right)+\frac{\partial f}{\partial \varepsilon_{\mathrm{vp}}}\Lambda\frac{\partial f}{\partial \sigma'_{\mathrm{m}}}+\frac{\partial f}{\partial S_{\mathrm{r}}}\mathrm{d}S_{\mathrm{r}}=0 \tag{3-19}$$

式中，$\boldsymbol{E}_{ijkl}$ 为弹性刚度阵，Λ 为塑性乘子。

$$\boldsymbol{E}_{ijkl}=\begin{bmatrix} K+\frac{4}{3}G & K-\frac{2}{3}G & K-\frac{2}{3}G & 0 & 0 & 0 \\ K-\frac{2}{3}G & K+\frac{4}{3}G & K-\frac{2}{3}G & 0 & 0 & 0 \\ K-\frac{2}{3}G & K-\frac{2}{3}G & K+\frac{4}{3}G & 0 & 0 & 0 \\ 0 & 0 & 0 & G & 0 & 0 \\ 0 & 0 & 0 & 0 & G & 0 \\ 0 & 0 & 0 & 0 & 0 & G \end{bmatrix} \tag{3-20}$$

式中，K 为体积模量；G 为剪切模量。

$$K=\frac{E}{3(1-2\nu)} \tag{3-21}$$

$$G=\frac{E}{2(1+\nu)} \tag{3-22}$$

式中，ν 为泊松比；E 为弹性模量，其表达式为

$$E=\frac{3(1-2\nu)(1+e_0)}{\kappa}\sigma'_{\mathrm{m}} \tag{3-23}$$

将式(3－19)整理后可得塑性乘子：

$$\Lambda=\frac{1}{h_{\mathrm{p}}}\left(\frac{\partial f}{\partial \sigma'_{ij}}E_{ijkl}\,\mathrm{d}\varepsilon_{kl}+\frac{\partial f}{\partial S_{\mathrm{r}}}\mathrm{d}S_{\mathrm{r}}\right) \tag{3-24}$$

$$h_{\mathrm{p}}=\frac{\partial f}{\partial \sigma'_{ij}}E_{ijkl}\frac{\partial f}{\partial \sigma'_{kl}}-\frac{\partial f}{\partial \varepsilon_{\mathrm{vp}}}\frac{\partial f}{\partial \sigma'_{\mathrm{m}}} \tag{3-25}$$

根据胡克定理可得

$$\mathrm{d}\sigma'_{ij}=E_{ijkl}\,\mathrm{d}\varepsilon_{\mathrm{e}_{kl}}=E_{ijkl}(\mathrm{d}\varepsilon_{kl}-\mathrm{d}\varepsilon_{\mathrm{p}_{kl}}) \tag{3-26}$$

根据相关联的流动法则，式(3－26)化简后可得应力增量表达式：

$$\mathrm{d}\sigma'_{ij}=E_{\mathrm{ep}_{ijkl}}\,\mathrm{d}\varepsilon_{kl}+W_{\mathrm{ep}_{ij}}\,\mathrm{d}S_{\mathrm{r}} \tag{3-27}$$

$$E_{\mathrm{ep}_{ijkl}}=E_{ijkl}-\frac{1}{h_{\mathrm{p}}}E_{ijpq}\frac{\partial f}{\partial \sigma'_{pq}}\frac{\partial f}{\partial \sigma'_{mn}}E_{mnkl} \tag{3-28}$$

$$W_{\mathrm{ep}_{ij}}=-\frac{1}{h_{\mathrm{p}}}E_{ijkl}\frac{\partial f}{\partial \sigma'_{kl}}\frac{\partial f}{\partial S_{\mathrm{r}}} \tag{3-29}$$

至此，水力-力学耦合的非饱和土弹塑性本构关系推导完毕。

3.3.2　水力特性

式(3－27)表明非饱和土的应力增量与饱和度增量相关，正如 Wheeler 等[7]所指出，饱和度会影响非饱和土的应力-应变关系。水力-力学耦合是指非饱和土的饱和度变化会影响非饱和土的力学特性，相反的，非饱和土在受到外部荷载作用下产生的变形也会对水力特性产生影响，最终非饱和土表现出的宏观性质是两者相互作用、相互影响的结果。若非饱和土的本构关系中不考虑水力特性对力学行为的影响，则在预测某些试验现象时存在一定的局限性[182]；若不考虑力学行为对水力特性的影响，那么就无法准确地预测非饱和土的土水特征曲线。Sheng[183] 指出非饱和土的饱和度变化主要由试样的体积变化和基质吸力改变这两部分决定，为了准确描述饱和度的变化，将饱和度的变化分为两个部分：孔隙比改变导致的饱和度变化和基质吸力改变导致的饱和度变化。饱和度的增量方程可表示为

$$\mathrm{d}S_{\mathrm{r}}=\frac{\partial S_{\mathrm{r}}}{\partial e}\mathrm{d}e+\frac{\partial S_{\mathrm{r}}}{\partial s}\mathrm{d}s \tag{3-30}$$

式(3-30)右边第一项表示在基质吸力恒定的条件下孔隙比的改变对饱和度的影响，第二项表示在常净应力条件下基质吸力改变对饱和度的影响。Sun 等[138] 对基质吸力恒定的非饱和土的三轴试验研究表明在基质吸力恒定的条件下饱和度和孔隙比呈线性关系，故式(3-30)右边第一项可表示为

$$\frac{\partial S_{\mathrm{r}}}{\partial e}\mathrm{d}e=-\lambda_{\mathrm{sr}}\mathrm{d}e \tag{3-31}$$

式中，λ_{sr} 为基质吸力恒定的条件下饱和度与孔隙比关系曲线的斜率。式(3-30)右边第二项可通过土水特征曲线模型求关于基质吸力的导数得到，学者对常净应力条件下的土水特征曲线的主脱湿曲线和主吸湿曲线开展了大量的研究并提出了经验拟合公式[61，103，184]，式(3-30)右边第二项可根据不同的土质和不同的问题选取合适的土水特征曲线模型，本书采用 Van Genuchten 模型[103]：

$$\frac{S_{\mathrm{rd}}-S_{\mathrm{r\,res}}}{S_{\mathrm{r0}}-S_{\mathrm{r\,res}}}=\left[1+\left(\frac{s}{a_{\mathrm{d}}}\right)^{m_{\mathrm{d}}}\right]^{-n_{\mathrm{d}}} \tag{3-32}$$

$$\frac{S_{\mathrm{rw}}-S_{\mathrm{r\,res}}}{S_{\mathrm{r0}}-S_{\mathrm{r\,res}}}=\left[1+\left(\frac{s}{a_{\mathrm{w}}}\right)^{m_{\mathrm{w}}}\right]^{-n_{\mathrm{w}}} \tag{3-33}$$

$$\frac{\partial S_{\mathrm{r}}}{\partial s}=\begin{cases}-n_{\mathrm{d}}S_{\mathrm{r0}}\left[1+\left(\dfrac{s}{a_{\mathrm{d}}}\right)^{m_{\mathrm{d}}}\right]^{-n_{\mathrm{d}}-1}\left(\dfrac{m_{\mathrm{d}}}{a_{\mathrm{d}}}\right)\left(\dfrac{s}{a_{\mathrm{d}}}\right)^{m_{\mathrm{d}}-1}, & \text{主脱湿曲线}\\ -n_{\mathrm{w}}S_{\mathrm{r0}}\left[1+\left(\dfrac{s}{a_{\mathrm{w}}}\right)^{m_{\mathrm{w}}}\right]^{-n_{\mathrm{w}}-1}\left(\dfrac{m_{\mathrm{w}}}{a_{\mathrm{w}}}\right)\left(\dfrac{s}{a_{\mathrm{w}}}\right)^{m_{\mathrm{w}}-1}, & \text{主吸湿曲线}\end{cases} \tag{3-34}$$

式中，a_{d}，m_{d}，n_{d} 分别为主脱湿曲线的拟合参数；a_{w}，m_{w}，n_{w} 分别为主吸湿曲线的拟合参数；$S_{\mathrm{r\,res}}$ 为残余饱和度；S_{r0} 为基质吸力为0时的饱和度；下标 d 和 w 分别表示脱湿和吸湿。由于土水特征曲线的水力滞回现象的存在，Li[185] 和 Pedroso 等[186] 提出了用增量形式描述饱和度与基质吸力之间关系的方法，本书采用边界扫描准则[185] 给出扫描线的增量形式：

$$\frac{\partial S_{\mathrm{r}}}{\partial s}=\left[\frac{|\bar{s}-\alpha|^{\beta}+|s-\alpha|^{\beta}(H-1)}{H|\bar{s}-\alpha|^{\beta}}\right]\frac{\partial S_{\mathrm{r}}}{\partial \bar{s}} \tag{3-35}$$

式中，β 和 H 为拟合参数；α 为投影中心，表示的是最近一次由脱湿过程转变为

吸湿过程时的基质吸力值或由吸湿过程转变为脱湿过程时的基质吸力值；$\bar{s}$ 是位于主脱湿曲线或主吸湿曲线上映射点的基质吸力。如图 3-10 所示。

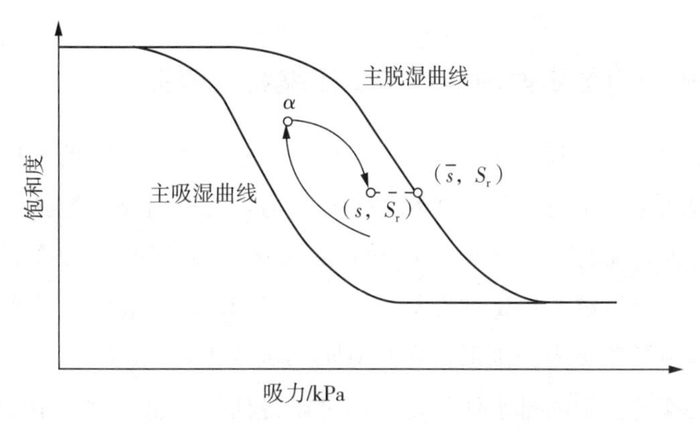

图 3-10　边界扫描准则示意图

3.3.3　模型参数

模型中共有 15 个参数，其中 6 个为材料的力学参数，9 个为水力特性参数。材料的力学参数中，M，λ，κ，ν 为剑桥模型的参数，a，b 为确定硬化效应和饱和度之间的关系而新引入的材料参数。临界状态应力比 M 可根据材料的内摩擦角采用式(3-36)计算得到。

$$M=\frac{6\sin\varphi}{3-\sin\varphi} \tag{3-36}$$

参考应力时的比体积 N 可通过饱和土的等压固结试验得到，压缩系数 λ 和回弹系数 κ 可通过压缩试验和卸载试验得到。材料参数 a 和 b 可通过非饱和土的等压固结试验得到，在压缩的过程中记录排水量和体变，得到试验过程中试样的饱和度，将饱和度与硬化效应绘制于硬化效应和饱和度的半对数坐标系中，通过线性拟合得到参数 a 和 b 的值。

水力特性的 9 个参数中，a_d，m_d，n_d，a_w，m_w，n_w 为 Van Genuchten 模型[103] 的拟合参数，可通过对主脱湿曲线和主吸湿曲线拟合得到。参数 β 和 H 控制扫描线的形态，可通过校核扫描线得到。λ_{sr} 表示饱和度与孔隙比的关系曲线的斜率，可通过基质吸力恒定的压缩试验得到，记录压缩试验过程中孔隙比和饱和度之间的关系，最后线性拟合即可得到 λ_{sr} 的值。

3.4 排水条件下非饱和土本构关系的验证

3.4.1 基质吸力恒定时的非饱和土压缩特性模拟

非饱和土的体变方程是推导本书所提出的弹塑性本构关系的基础，为了测试该模型对非饱和土的水力和力学特性的模拟能力，首先对该模型预测非饱和土压缩特性的能力进行验证。Sivakumar 和 Wheeler[43]对非饱和高岭土试样进行了基质吸力恒定的压缩试验，试样在初始含水率为 25% 的条件下压实。试样在等压固结的过程中基质吸力分别保持在 0 kPa，100 kPa，200 kPa，300 kPa 恒定，并且记录了试验过程中的排水体积，从而可以得到整个压缩过程中试样的饱和度变化。饱和土的压缩系数和回弹系数可通过基质吸力为 0 kPa 的压缩试验数据计算得到，其值分别为 0.12 和 0.04。材料参数 a 和 b 可通过基质吸力分别为 100 kPa，200 kPa，300 kPa 的压缩试验中的任意一组试验数据计算得到，本书选用基质吸力为 300 kPa 的压缩试验数据计算参数 a 和 b 的值，整理压缩试验过程中饱和度和硬化效应之间的关系，并将其绘制于硬化效应和饱和度的半对数坐标系中，如图3-11(a) 所示，计算得 a 和 b 的值分别为 −4.64 和 −0.11。饱和度与孔隙比的关系见图 3-11(b)，可计算得 λ_{sr} 的值为 0.6。由于试验过程中基质吸力保持恒定，故不需要土水特征曲线的参数。图 3-12 是模型计算结果和试验结果对比，通过模型预测结果和试验数据的对比表明该模型能够较好地预测非饱和土

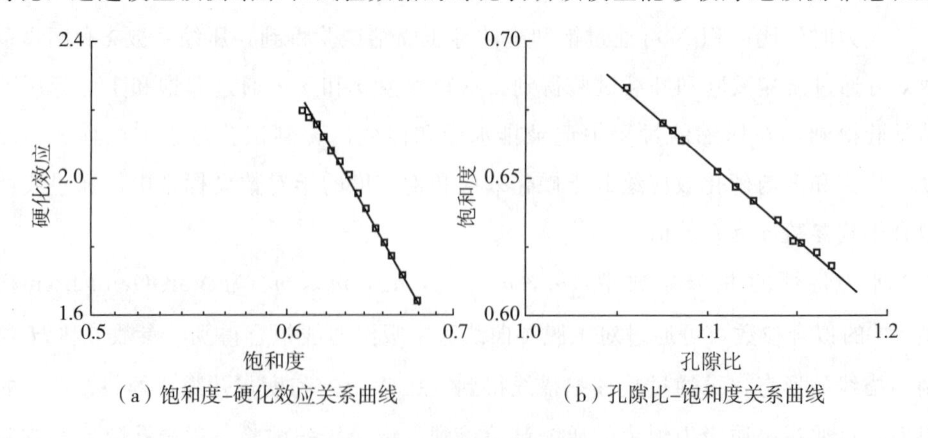

(a) 饱和度-硬化效应关系曲线　　(b) 孔隙比-饱和度关系曲线

图 3-11　模型参数校核

的体变特性，对于基质吸力恒定的压缩试验过程中，非饱和土试样的饱和度随着净应力增大而增大这一现象，本模型也能够较好地预测。

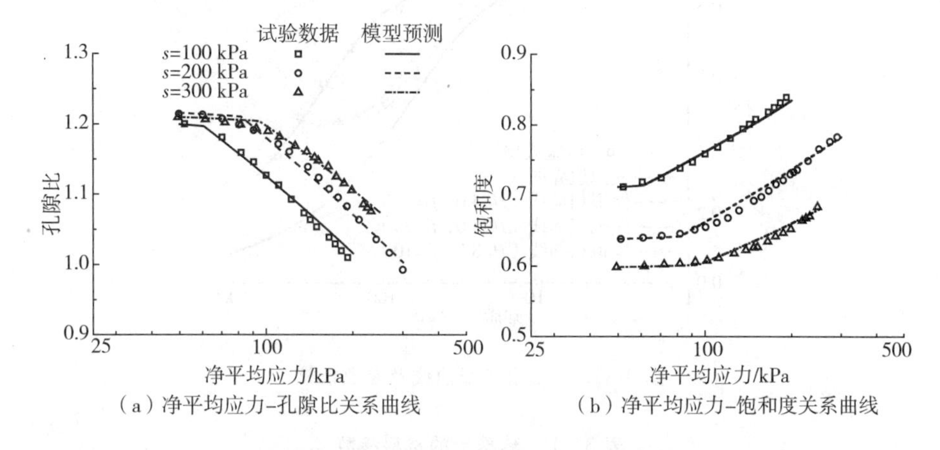

（a）净平均应力-孔隙比关系曲线 （b）净平均应力-饱和度关系曲线

图 3-12 基质吸力恒定的压缩试验结果与模型预测结果对比

3.4.2 非饱和土的湿陷特性模拟

在常净应力的条件下卸载非饱和土试样的基质吸力时，可能发生的湿陷现象是非饱和土区别于饱和土的显著特点，能否预测湿陷现象是验证非饱和土本构关系的重要一环。Sun 等[35, 164] 对非饱和珍珠土的力学性质和水力特性进行了详细的研究，珍珠土由 50% 的黏土和 50% 的粉土组成，其液限为 49%，塑性指数为 22。珍珠土的压缩系数 λ，回弹系数 κ，泊松比 ν，临界状态应力比 M 分别为 0.12，0.03，0.3，1.1。参数 a 和 b 可由 Sun 等[37] 对珍珠土的试验数据计算得到，其值分别为 -4.29 和 -1.1，材料参数 λ_{sr} 为 0.35。Sun 等[138] 在常应力条件下测定的土水特征曲线可用来确定模型中水力特性参数 a_d，m_d，n_d，a_w，m_w，n_w，试验测定的土水特征曲线如图 3-13 所示，a_d，m_d，n_d 经校核其值分别为 150，0.35，2.0；m_w 和 n_w 与主脱湿曲线参数 m_d 和 n_d 的值相同，由于吸湿扫描线的尾部会与主吸湿曲线重合，所以 a_w 可由吸湿曲线校核得到，其值为 35 kPa；参数 β 和 H 控制扫描线的形态，可由吸湿扫描线校核得到，根据式(3-35)知，当 β 和 H 取不同的值时，可得到不同的吸湿扫描线，如图 3-13 所示，当 $H=23.0$ 和 $\beta=8.0$ 时，吸湿扫描线与试验数据的拟合效果最好。本构关系中需要的参数列于表 3-1 中。

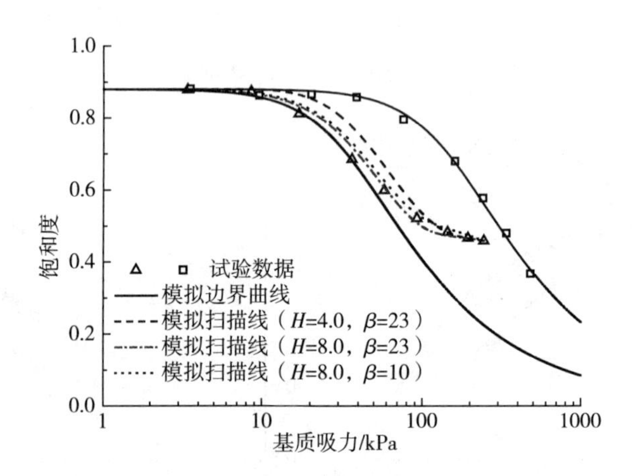

图 3-13　土水特征曲线及参数校核

表 3-1　珍珠土的材料参数

力学参数	水力特性参数
$\lambda = 0.12$	$a_d = 150$ kPa，$n_d = 0.35$，$m_d = 2.0$
$\kappa = 0.03$	$a_w = 35$ kPa，$n_w = 0.35$，$m_w = 2.0$
$\nu = 0.3$	$S_{r\ res} = 0$
$M = 1.1$	$S_{r0} = 0.88$
$a = -4.29$	$H = 23.0$
$b = -1.1$	$\beta = 8.0$
—	$\lambda_{sr} = 0.35$

Sun 等[138] 对常净应力条件下非饱和珍珠土的湿陷特性进行了详细的研究，非饱和珍珠土试样的初始基质吸力为 130 kPa，首先在常净应力条件下将试样的基质吸力加载至 147 kPa，随后保持基质吸力恒定并将平均净应力加载至 196 kPa，最后在平均净应力恒定的条件下将试样的基质吸力卸载至 0 kPa。试验结果和模型预测结果如图 3-14 所示。图 3-14(a) 是平均净应力与孔隙比关系曲线的模型预测结果与试验数据对比，非饱和珍珠土在刚开始加载时处于弹性状态，随着平均净应力的增大，试样的应力状态到达屈服面，发生塑性变形，当基质吸力卸载时，试样发生湿陷，模型能够较好地预测非饱和土试样的变形趋势；图3-14(b) 是基质吸力与孔隙比关系曲线的模型预测结果与试验数据对比，随着基质吸力的卸载，在净应力恒定的条件下，加载湿陷屈服面向外扩张，试样的孔

隙比随之减小；图 3-14(c) 是平均净应力与饱和度关系曲线的模型预测结果与试验数据对比，随着平均净应力的增大，试样的孔隙比减小，饱和度上升；图 3-14(d) 是基质吸力和饱和度关系曲线的模型预测结果与试验数据对比，饱和度随着基质吸力的降低而升高。模型的预测结果与试验数据基本吻合，表明本书提出的模型能够对非饱和土的湿陷进行较准确的预测。

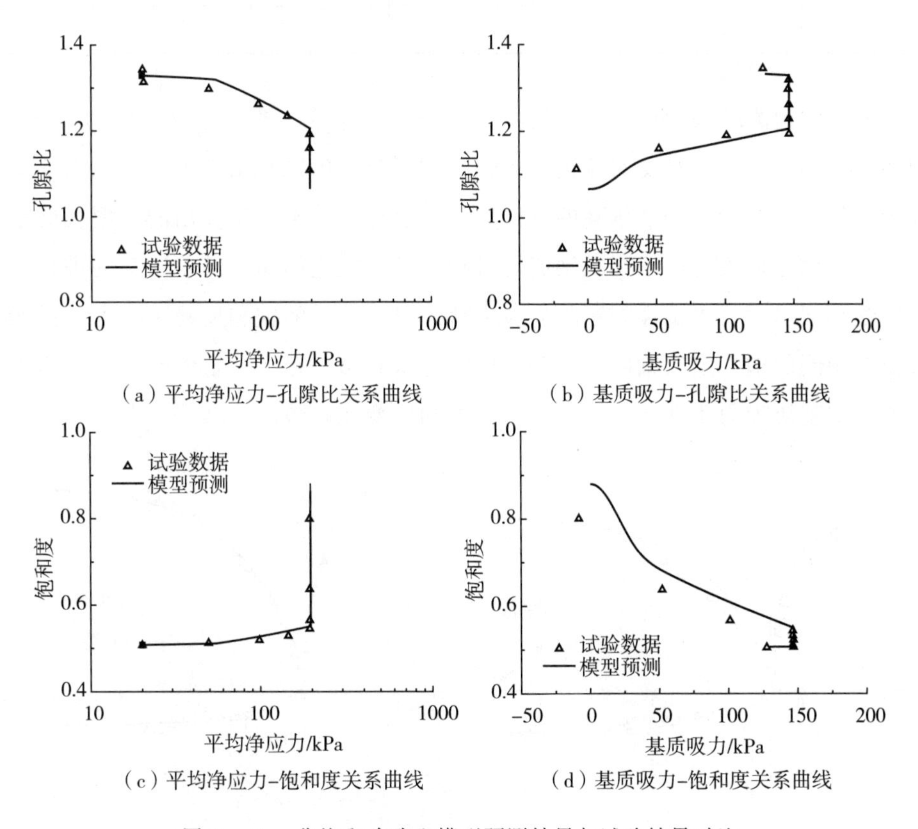

(a) 平均净应力-孔隙比关系曲线　(b) 基质吸力-孔隙比关系曲线

(c) 平均净应力-饱和度关系曲线　(d) 基质吸力-饱和度关系曲线

图 3-14　非饱和珍珠土模型预测结果与试验结果对比

3.4.3　基质吸力恒定时的非饱和土三轴剪切特性模拟

Sun 等[187] 在基质吸力恒定的条件下对非饱和珍珠土进行了三轴剪切试验，采用该组试验数据验证本书模型预测非饱和土在三轴剪切时力学特性的能力。在三轴剪切过程中试样的平均净应力保持在 200 kPa 恒定，为研究饱和度对应力-应变关系的影响，试样分为基质吸力相同而初始饱和度不同的两组，四个试样的初始状态见表 3-2。

表 3-2　三轴剪切试验珍珠土试样的初始状态

试样编号	基质吸力(kPa)	初始孔隙比	平均净应力(kPa)	初始饱和度
1	100	1.15	200	0.60
2	100	1.12	200	0.77
3	150	1.08	200	0.61
4	150	1.08	200	0.68

模型的预测结果和试验结果见图 3-15 和图 3-16。图 3-15 为 100 kPa 基质吸力条件下不同初始饱和度对非饱和土强度的影响。由试验结果可知在相同的基质吸力条件下，初始饱和度越高的试样其强度也越大，本书所提出的模型很好地预测了这个试验现象。由于在三轴剪切过程中试样发生体缩，随着试验的进行，试样的饱和度增大，当试样处于临界应力状态时，试样的饱和度趋于稳定。虽然本书模型预测的饱和度与轴向应变关系曲线与试验结果存在一定的差异，但基本上反映了常基质吸力条件下三轴剪切时的饱和度变化趋势。

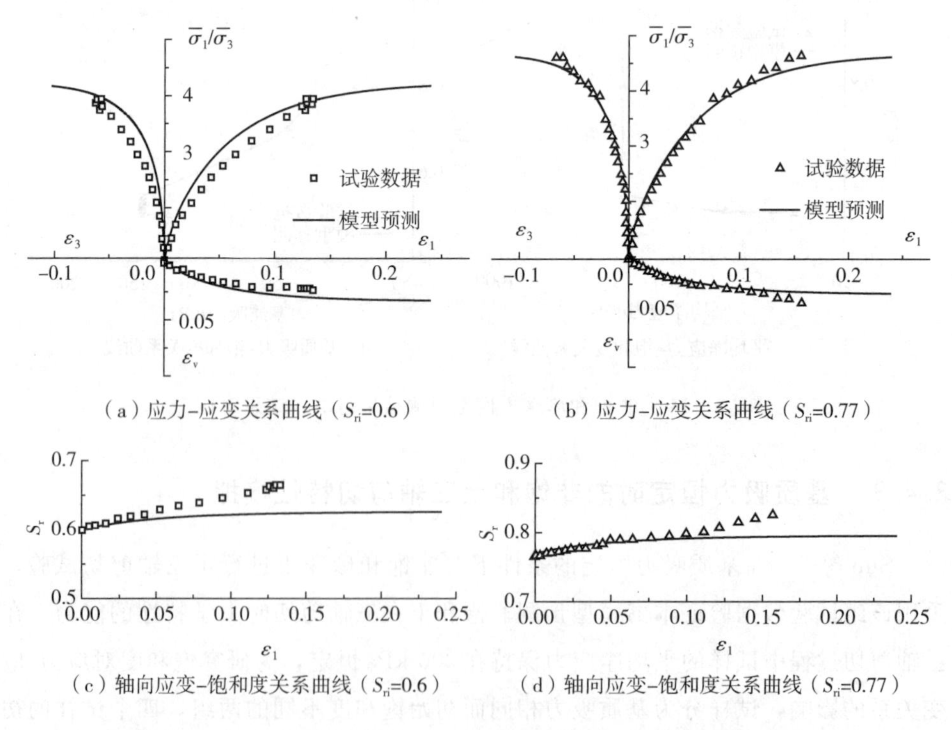

图 3-15　基质吸力为 100 kPa 时三轴剪切试验数据与模型预测对比

图3-16为150 kPa基质吸力条件下不同初始饱和度对试样强度的影响，与图3-15中的试验结果类似，初始饱和度越高，试样的强度越大，饱和度在试验过程中升高，当达到临界状态时，饱和度趋于稳定。模型预测结果与试验结果的对比表明本书模型能够预测非饱和土的三轴剪切特性。

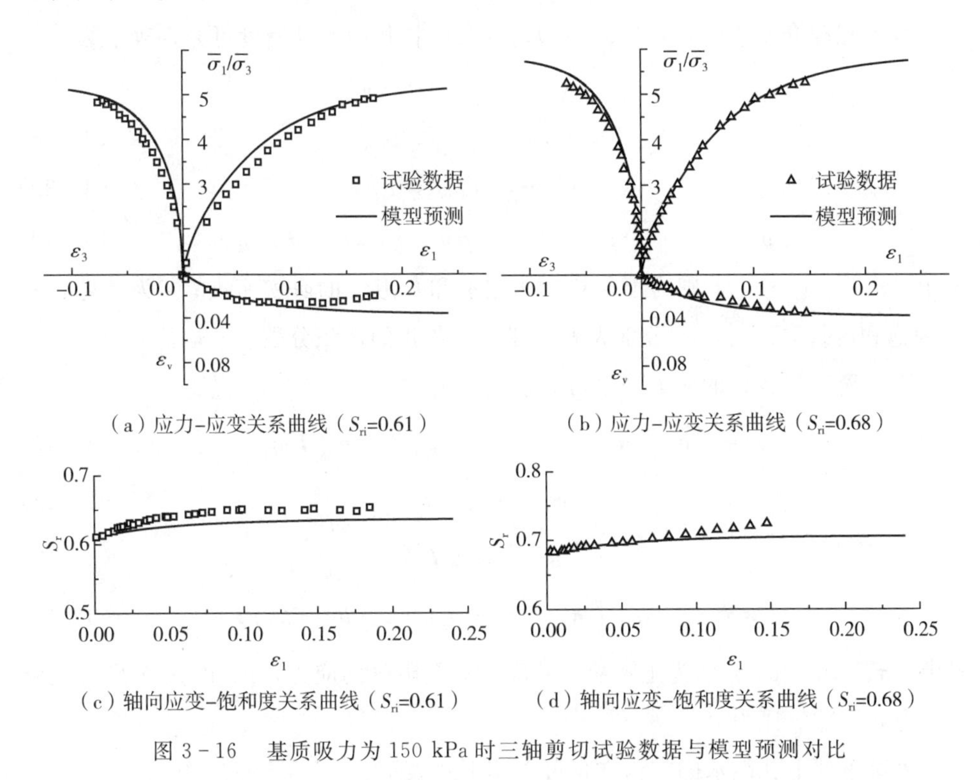

(a) 应力-应变关系曲线 (S_{ri}=0.61)　(b) 应力-应变关系曲线 (S_{ri}=0.68)

(c) 轴向应变-饱和度关系曲线 (S_{ri}=0.61)　(d) 轴向应变-饱和度关系曲线 (S_{ri}=0.68)

图 3-16　基质吸力为 150 kPa 时三轴剪切试验数据与模型预测对比

3.5　不排水条件下非饱和土本构关系的验证

上文对排水条件下水力-力学耦合的非饱和土本构模型的有效性进行了验证，但并未对不排水条件下本构模型的预测能力进行验证，这是由于在不排水条件下，非饱和土在压缩试验和三轴剪切试验过程中体积和基质吸力会同时变化，这给预测不排水条件下非饱和土的力学性质带来了困难。Sun 等[188] 在不排水条件下推导了体变与含水率之间的关系式，并对不排水条件下的非饱和土的力学性质进行了预测，取得了较好的效果。Uzuoka 等[189] 采用孔隙介质理论在局部平衡条件下推导了非饱和土的三相耦合控制方程并预测了砂土的液化特性。本书将采用孔隙介质理论在局部平衡的条件下对非饱和土在不排水条件下的压缩试验和三轴剪切试验结果进行预测。

3.5.1 局部平衡条件下非饱和土固-液-气耦合控制方程推导

根据孔隙介质理论，在空间中均匀分布的各相的表观密度可分别表示为[190]

$$\rho_s = (1-n)\rho_{sR} = n_s\rho_{sR} \tag{3-37}$$

$$\rho_w = ns_w\rho_{wR} = n_w\rho_{wR} \tag{3-38}$$

$$\rho_a = n(1-s_w)\rho_{aR} = n_a\rho_{aR} \tag{3-39}$$

$$\rho = \rho_s + \rho_w + \rho_a = (1-n)\rho_{sR} + n(s_w\rho_{wR} + s_a\rho_{aR}) \tag{3-40}$$

式中，ρ_{sR}，ρ_{wR}，ρ_{aR} 分别为土颗粒、孔隙水和孔隙气的真实密度；n 为孔隙比；s_w 为饱和度；n_s，n_w，n_a 分别为固、液、气各相的体积分数。

固、液、气各相的应力分量可分别表示为

$$\boldsymbol{\sigma}_s = \boldsymbol{\sigma}' + (1-n)(s_w p_w + s_a p_a)\boldsymbol{I} \tag{3-41}$$

$$\boldsymbol{\sigma}_w = ns_w p_w\boldsymbol{I} \tag{3-42}$$

$$\boldsymbol{\sigma}_a = ns_a p_a\boldsymbol{I} \tag{3-43}$$

$$\boldsymbol{\sigma} = \boldsymbol{\sigma}_s + \boldsymbol{\sigma}_w + \boldsymbol{\sigma}_a = \boldsymbol{\sigma}' + p_a\boldsymbol{I} - s_w(p_a - p_w)\boldsymbol{I} \tag{3-44}$$

式中，$\boldsymbol{\sigma}_s$，$\boldsymbol{\sigma}_w$，$\boldsymbol{\sigma}_a$ 分别为土颗粒、孔隙水和孔隙气的应力；p_w 和 p_a 分别为孔隙水压力和孔隙气压力。

等温条件下孔隙水的本构方程可采用下式表示：

$$\dot{\rho}_{wR} = \frac{\rho_{wR}}{K_w}\dot{p}_w \tag{3-45}$$

式中，K_w 为孔隙水的体积模量。

孔隙气的本构方程可由理想气体状态方程得到：

$$\dot{\rho}_{aR} = \frac{1}{\Theta\bar{R}}\dot{p}_a = \frac{\rho_{aR}}{K_a}\dot{p}_a \tag{3-46}$$

式中，Θ 为绝对温度；$\bar{R}$ 为比气体常数；K_a 为孔隙气的体积模量。

饱和度的增量方程采用下式表示：

$$\dot{s}_w = \frac{\partial s_w}{\partial s}\dot{s} + \lambda_{sr}\dot{e} = c(\dot{p}_a - \dot{p}_w) + \lambda_{sr}(1+e_0)\dot{\varepsilon}_v \tag{3-47}$$

各相的质量守恒方程为

$$\dot{\rho}_s + \rho_s \operatorname{div} v_s = 0 \tag{3-48}$$

$$\dot{\rho}_w + \rho_w \operatorname{div} v_w = 0 \tag{3-49}$$

$$\dot{\rho}_a + \rho_a \operatorname{div} v_a = 0 \tag{3-50}$$

式(3-45) ~ 式(3-50) 中，字母上方的点表示变量对时间的导数(下同)。

将式(3-37)、式(3-38)和式(3-39)，式(3-45)、式(3-46)和式(3-47)分别代入式(3-48)、式(3-49)和式(3-50)中，整理后得到：

$$-\dot{n}\rho_{sR} + \dot{\rho}_{sR}(1-n) + (1+n)\rho_{sR}\frac{\partial \dot{u}_{s_i}}{\partial x_i} = 0 \tag{3-51}$$

$$\dot{n}s_w\rho_{wR} + \dot{s}_w n\rho_{wR} + ns_w\frac{\rho_{wR}}{K_w}\dot{p}_w + ns_w\rho_{wR}\frac{\partial \dot{u}_{w_i}}{\partial x_i} = 0 \tag{3-52}$$

$$\dot{n}s_a\rho_{wR} - \dot{s}_w n\rho_{aR} + ns_a\frac{\rho_{aR}}{K_a}\dot{p}_a + ns_a\rho_{aR}\frac{\partial \dot{u}_{a_i}}{\partial x_i} = 0 \tag{3-53}$$

将式(3-51)乘以$\frac{\rho_{wR}}{\rho_{sR}}$和$\frac{\rho_{aR}}{\rho_{sR}}$后分别与式(3-52)和式(3-53)相加，经整理后可得：

$$n\left(\frac{s_w}{K_w} - c\right)\dot{p}_w + nc\dot{p}_a + [\lambda_{sr}n(1+e_0) + s_w]\dot{\varepsilon}_v = 0 \tag{3-54}$$

$$n\left(\frac{s_a}{K_a} - c\right)\dot{p}_a + nc\dot{p}_w + [-\lambda_{sr}n(1+e_0) + s_a]\dot{\varepsilon}_v = 0 \tag{3-55}$$

式(3-54) 和式(3-55) 为非饱和土的连续性方程。

(1) 不排水条件下的等压压缩试验的控制方程

等压压缩试验的边界条件为

$$\dot{\sigma}_x = \dot{\sigma}_y = \dot{\sigma}_z \tag{3-56}$$

由式(3-44) 和式(3-56) 可得如下关系式：

$$\dot{\sigma}'_x = \dot{\sigma}_z + \dot{p}_w[c(p_w - p_a) - s_w] + \dot{p}_a[c(p_a - p_w) - s_a] + \lambda_{sr}(1+e_0)(p_a - p_w)\dot{\varepsilon}_v \tag{3-57}$$

$$\dot{\sigma}'_z = \dot{\sigma}_z + \dot{p}_w[c(p_w - p_a) - s_w] + \dot{p}_a[c(p_a - p_w) - s_a] + \lambda_{sr}(1+e_0)(p_a - p_w)\dot{\varepsilon}_v \tag{3-58}$$

由式(3-27) 可知非饱和土的本构关系在三轴应力状态下的增量形式为

$$\begin{bmatrix} \dot{\sigma}'_x \\ \dot{\sigma}'_y \\ \dot{\sigma}'_z \end{bmatrix} = \begin{bmatrix} E_{\mathrm{ep}_{xx}} & E_{\mathrm{ep}_{xy}} & E_{\mathrm{ep}_{xz}} \\ E_{\mathrm{ep}_{yx}} & E_{\mathrm{ep}_{yy}} & E_{\mathrm{ep}_{yz}} \\ E_{\mathrm{ep}_{xz}} & E_{\mathrm{ep}_{yz}} & E_{\mathrm{ep}_{zz}} \end{bmatrix} \begin{bmatrix} \dot{\varepsilon}_x \\ \dot{\varepsilon}_y \\ \dot{\varepsilon}_z \end{bmatrix} + \begin{bmatrix} W_{\mathrm{ep}_x} \\ W_{\mathrm{ep}_y} \\ W_{\mathrm{ep}_z} \end{bmatrix} \dot{s}_{\mathrm{w}} \tag{3-59}$$

将式(3-59)代入式(3-54)和式(3-55)中，并结合式(3-54)和式(3-55)得到不排水条件下非饱和土等压压缩试验的三相耦合控制方程：

$$\boldsymbol{Kx} = \boldsymbol{y} \tag{3-60}$$

式中，

$$\boldsymbol{K} = \begin{bmatrix} n\left(\frac{s_{\mathrm{w}}}{K_{\mathrm{w}}} - c\right) & nc & 2[\lambda_{\mathrm{sr}} n(1+e_0) + s_{\mathrm{w}}] & 0 \\ nc & n\left(\frac{s^{\mathrm{a}}}{K^{\mathrm{a}}} - c\right) & 2[-\lambda_{\mathrm{sr}} n(1+e_0) + s_{\mathrm{a}}] & 0 \\ c(p_{\mathrm{w}} - p_{\mathrm{a}} + W_{\mathrm{ep}_x}) - s_{\mathrm{w}} & c(p_{\mathrm{a}} - p_{\mathrm{w}} - W_{\mathrm{ep}_x}) - s_{\mathrm{a}} & 2\lambda_{\mathrm{sr}}(1+e_0)(p_{\mathrm{a}} - p_{\mathrm{w}} - W_{\mathrm{ep}_x}) - E_{\mathrm{ep}_{xx}} - E_{\mathrm{ep}_{xy}} & 1 \\ c(p_{\mathrm{w}} - p_{\mathrm{a}} + W_{\mathrm{ep}_z}) - s_{\mathrm{w}} & c(p_{\mathrm{a}} - p_{\mathrm{w}} - W_{\mathrm{ep}_z}) - s_{\mathrm{a}} & 2\lambda_{sr}(1+e_0)(p_{\mathrm{a}} - p_{\mathrm{w}} - W_{\mathrm{ep}_z}) - E_{\mathrm{ep}_{zz}} - E_{\mathrm{ep}_{zy}} & 1 \end{bmatrix}$$

$$\boldsymbol{x} = \begin{bmatrix} \dot{p}_{\mathrm{w}} \\ \dot{p}_{\mathrm{a}} \\ \dot{\varepsilon}_x \\ \dot{\sigma}_z \end{bmatrix}$$

$$\boldsymbol{y} = \begin{bmatrix} -[\lambda_{\mathrm{sr}} n(1+e_0) + s_{\mathrm{w}}]\dot{\varepsilon}_z \\ [\lambda_{\mathrm{sr}} n(1+e_0) - s_{\mathrm{a}}]\dot{\varepsilon}_z \\ [\lambda_{\mathrm{sr}}(1+e_0)(W_{\mathrm{ep}_x} - p_{\mathrm{a}} + p_{\mathrm{w}}) + E_{\mathrm{ep}_{xz}}]\dot{\varepsilon}_z \\ [\lambda_{\mathrm{sr}}(1+e_0)(W_{\mathrm{ep}_z} - p_{\mathrm{a}} + p_{\mathrm{w}}) + E_{\mathrm{ep}_{zz}}]\dot{\varepsilon}_z \end{bmatrix}$$

(2) 不排水条件下的横向净应力不变的三轴剪切试验控制方程

横向净应力不变的三轴剪切试验的边界条件为

$$\dot{\sigma}_x = \dot{\sigma}_x = \dot{p}_{\mathrm{a}} \tag{3-61}$$

由式(3-44)和式(3-61)可得如下关系式：

$$\dot{\sigma}'_x=\dot{\sigma}'_y=\dot{p}_w[c(p_w-p_a)-s_w]+\dot{p}_a[c(p_a-p_w)+s_w]+\lambda_{sr}(1+e_0)(p_a-p_w)\dot{\varepsilon}_v \tag{3-62}$$

$$\dot{\sigma}'_z=\dot{\sigma}_z+\dot{p}_w[c(p_w-p_a)-s_w]+\dot{p}_a[c(p_a-p_w)-s_a]+\lambda_{sr}(1+e_0)(p_a-p_w)\dot{\varepsilon}_v \tag{3-63}$$

将式(3-59)分别代入式(3-62)和式(3-63)中，并结合式(3-54)和式(3-55)可得不排水条件下非饱和土横向净应力不变的剪切试验的三相耦合控制方程：

$$\boldsymbol{K}\boldsymbol{x}=\boldsymbol{y} \tag{3-64}$$

式中，

$$\boldsymbol{K}=\begin{bmatrix} n\left(\dfrac{s_w}{K_w}-c\right) & nc & 2[\lambda_{sr}n(1+e_0)+s_w] & 0 \\ nc & n\left(\dfrac{s_a}{K_a}-c\right) & 2[-\lambda_{sr}n(1+e_0)+s_a] & 0 \\ c(p_w-p_a+W_{ep_x})-s_w & c(p_a-p_w-W_{ep_x})+s_w & 2\lambda_{sr}(1+e_0)(p_a-p_w-W_{ep_x})-E_{ep_{xx}}-E_{ep_{xy}} & 0 \\ c(p_w-p_a+W_{ep_z})-s_w & c(p_a-p_w-W_{ep_z})-s_a & 2\lambda_{sr}(1+e_0)(p_a-p_w-W_{ep_z})-E_{ep_{zx}}-E_{ep_{zy}} & 1 \end{bmatrix}$$

$$\boldsymbol{x}=\begin{bmatrix} \dot{p}_w \\ \dot{p}_a \\ \dot{\varepsilon}_x \\ \dot{\sigma}_z \end{bmatrix}$$

$$\boldsymbol{y}=\begin{bmatrix} -[\lambda_{sr}n(1+e_0)+s_w]\dot{\varepsilon}_z \\ [\lambda_{sr}n(1+e_0)-s_a]\dot{\varepsilon}_z \\ [\lambda_{sr}(1+e_0)(W_{ep_x}-p_a+p_w)+E_{ep_{xz}}]\dot{\varepsilon}_z \\ [\lambda_{sr}(1+e_0)(W_{ep_z}-p_a+p_w)+E_{ep_{zz}}]\dot{\varepsilon}_z \end{bmatrix}$$

3.5.2 不排水条件下非饱和土的力学特性模拟

Sun 等[188] 对非饱和珍珠土在不排水条件下的压缩特性进行了研究，在压缩试验过程中，测量了试样的基质吸力、排水量和应变。试样的初始基质吸力、平均净应力、饱和度、孔隙比分别为120 kPa，22.5 kPa，0.525，1.34，在加载过程中，试样的平均净应力由20 kPa增加至600 kPa。图3-17为Sun等在不排水条件下对非饱和珍珠土进行的压缩试验结果。本构模型中所需的参数如表3-1所示，水和气体相关的物理参数如表3-3所示。由试验结果可知，非饱和土试样在不排水条件下的体变规律与饱和土在不排水条件下的体变规律不同，非饱和土试样的孔隙比会随着平均净应力的增大而减小，基质吸力在压缩过程中也逐渐减小，表明在不排水条件下孔隙水压会随着压缩的进行而不断增大，由于孔隙比的减小，试样的饱和度在整个试验过程中逐渐增大。通过试验结果与图3-17中模型预测结果之间的对比可知，本书的模型较好地预测了压缩过程中孔隙比、基质吸力和饱和度的变化趋势，能够较好地模拟不排水条件下等压压缩过程中非饱和土的水力和力学特性。

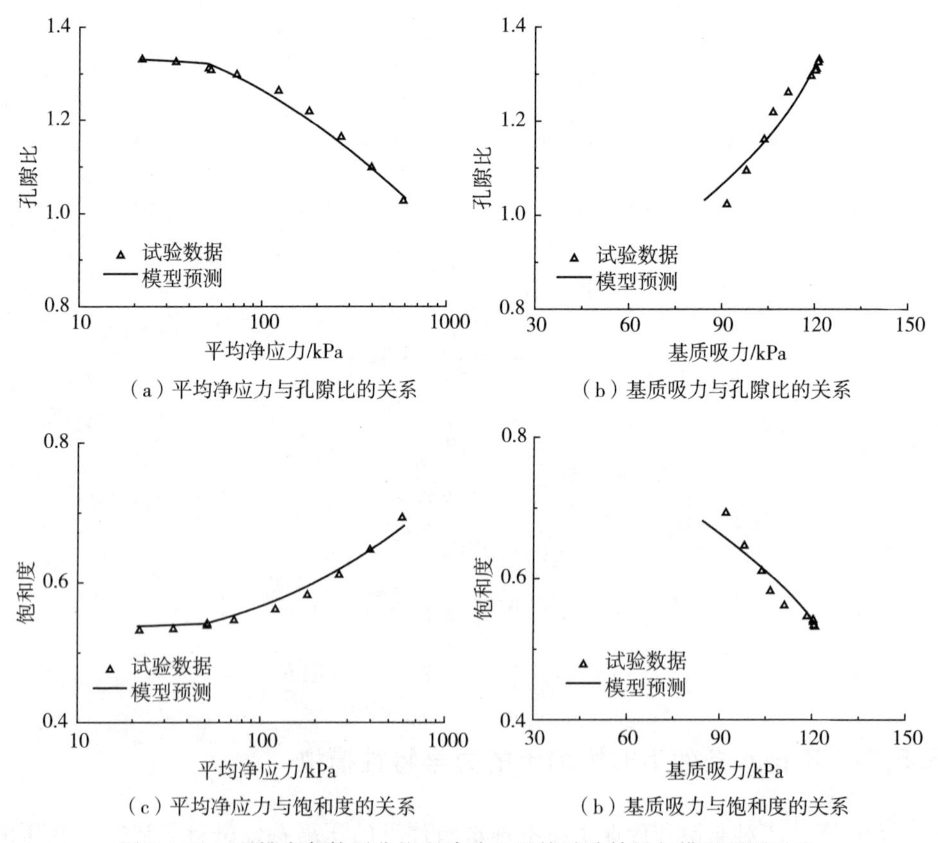

图3-17　不排水条件下非饱和珍珠土压缩试验结果与模型预测对比

表 3-3　水和气的物理参数

模型变量	参数值
水的体积模量 K_w	2.0×10^6 kN/m^2
水的密度 ρ_{wR}	1.0 g/cm^2
气体常数 $1/\Theta\bar{R}$	1.21×10^{-5} s^2/m^2
气体的密度 ρ_{aR}	1.293×10^{-3} g/cm^2

Sun 等[188] 对非饱和珍珠土进行了不排水条件下的三轴剪切试验，在试验过程中关闭排水阀，在整个试验过程中平均净应力保持在 200 kPa 恒定，同时监测试验过程中试样的基质吸力、排水量和应变。试样的初始基质吸力、初始孔隙比、初始饱和度分别为 85.4 kPa，1.23，0.55，不排水条件下的三轴剪切试验结果与模型预测结果如图 3-18 所示。

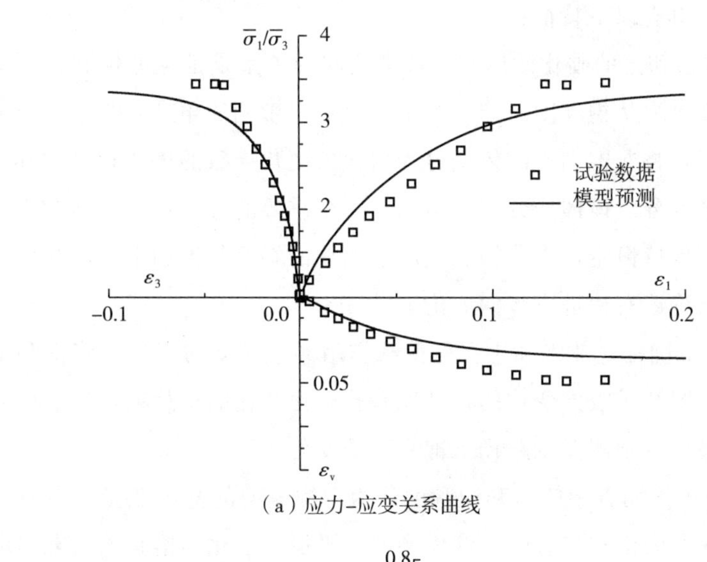

(a) 应力-应变关系曲线

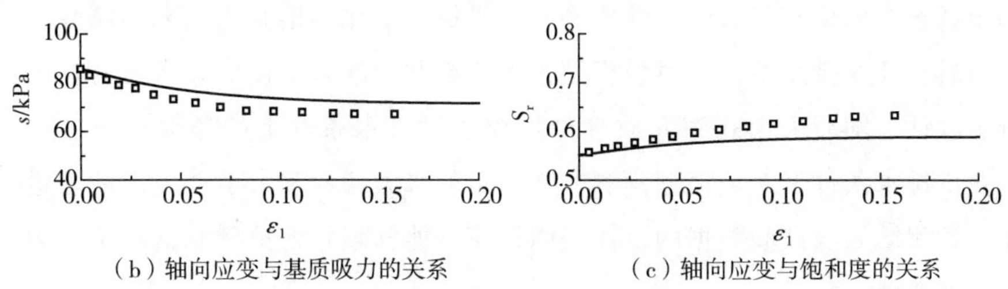

(b) 轴向应变与基质吸力的关系　　(c) 轴向应变与饱和度的关系

图 3-18　不排水条件下非饱和珍珠土三轴剪切试验结果与本书模型预测对比

由图3-18中的试验结果可知，在不排水条件下非饱和珍珠土试样在三轴剪切试验过程中发生了体缩，孔隙水压力因体缩的发生而升高，故非饱和土试样的基质吸力在剪切过程中减小，饱和度由于剪切过程中体缩现象的发生而逐渐增大。由试验结果和模型预测结果的对比可知，本书提出的模型很好地预测了不排水条件下三轴剪切试验过程中非饱和土试样的应变、基质吸力和饱和度的发展趋势，表明本书提出的模型能够较好地预测非饱和土的力学性质和水力特性。

3.6 本章小结

本章首先提出了非饱和土的硬化效应概念，建立了饱和度与硬化效应之间的关系，采用骨架应力和饱和度作为本构模型的基本变量，推导了非饱和土的体变方程，基于临界状态土力学理论，建立了水力-力学耦合的非饱和土的本构模型，该模型具有以下特征：

(1) 非饱和土的硬化效应与饱和度之间的关系是推导非饱和土体变方程的基础，该体变方程从饱和度对非饱和土硬化效应影响的角度对非饱和土的体变特性进行了解释，将非饱和土的体变分为由应力变化导致的体变和由饱和度变化导致的体变两个部分。该体变方程还给出了一个重要的推论：若非饱和土在压缩过程中的饱和度保持恒定，则非饱和土压缩曲线的斜率与饱和土的压缩曲线的斜率相等，但该推论还有待进一步深入论证。

(2) 为准确描述非饱和土在外荷载作用下饱和度的变化，将饱和度的变化分为两部分，即基质吸力变化的贡献项和孔隙比变化的贡献项，通过引入边界扫描准则，该模型可预测任意路径下饱和度的变化。

(3) 由于采用骨架应力和饱和度作为本构模型的基本变量，所以当土体从非饱和土状态变为饱和状态时，该模型能够平滑地退化为饱和土的本构模型。

最后本章在排水条件下对该模型预测非饱和土的力学性质和水力特性的能力进行了验证，随后采用孔隙介质理论推导了不排水条件下的非饱和土的控制方程，在不排水条件下对该模型预测非饱和土的水力特性和力学性质的能力进行了验证，预测结果与试验数据的对比表明该模型能够较好地预测非饱和土的力学性质和水力特性。

4 水力-力学耦合的超固结非饱和土的本构关系

4.1 引　　言

若在历史上受到的最大有效应力大于当前状态的有效应力，这样的土称为超固结土，大量的工程实践中都会遇到超固结土，如基坑开挖时基坑底部的土由于应力卸载而变为超固结土。Estabragh 和 Javadi[47] 对一系列具有不同初始超固结比的非饱和土试样进行了三轴剪切试验，试验结果表明：具有不同超固结比的非饱和土试样具有不同的应力-应变关系，超固结比高的试样其应力-应变曲线有明显的峰值强度，达到峰值强度后继续加载，试样发生应变软化。大部分的非饱和土本构模型都已经展示了能够较好地预测正常固结的非饱和土的应力-应变关系的能力，然而由于这些模型建立在经典的弹塑性理论框架内，使得这些模型无法预测超固结非饱和土的应力-应变关系。迄今为止，已经提出的能够模拟不同超固结比对饱和土影响的理论：Dafalias[191] 提出了边界面模型，该模型能够模拟土体的应力状态位于屈服面内时发生的塑性应变；Hashiguchi[192] 提出的下负荷面模型克服了边界面模型的缺点，提高了模型预测超固结土的应力-应变关系的准确性；Yao 等[193] 扩展了统一硬化模型，使其能够模拟超固结饱和土。将超固结土的理论与非饱和土的本构关系相结合可建立超固结非饱和土的本构关系，如 Morvan 等[174]、Kohgo 等[194] 和 Yao 等[195] 建立的超固结非饱和土的本构模型，这些模型采用净应力和基质吸力作为本构模型的独立变量，由于水力-力学耦合效应的存在，这些模型低估了饱和度对非饱和土力学性质的影响。本章将以上文推导的水力-力学耦合的非饱和土的本构关系为基础，推导能够预测不同超固结比对非饱和土影响的水力-力学耦合的超固结非饱和土的本构关系。

4.2 超固结非饱和土的本构关系

4.2.1 超固结非饱和土的下负荷面

对于超固结非饱和土可通过引入下负荷面的概念，对上文推导的非饱和土的本构关系进行扩展，使其能够描述超固结非饱和土的力学特性。下负荷面模型由下负荷面与正常屈服面组成，如图 4-1 所示。下负荷面的形状与正常屈服面的形状相似，当前应力状态位于下负荷面之上，正常屈服面与经典弹塑性理论中的屈服面是相同的，可根据不同的模型表示成不同的形式，通过下负荷面与正常屈服面之间的距离描述应力历史对超固结土应力-应变关系的影响。本书采用修正的剑桥模型中的屈服面方程，根据式(3-14)，图 4-1 中的正常屈服面可表示为

$$f=\frac{\lambda-\kappa}{1+e_0}\ln\frac{\bar{p}'}{p'_{\mathrm{r}}}+\frac{\lambda-\kappa}{1+e_0}\ln\left(1+\frac{\bar{p}^2}{M^2\bar{p}'^2}\right)-\varepsilon_{\mathrm{vp}}-\frac{\lambda}{1+e_0}\xi(S_{\mathrm{r}})=0 \quad (4-1)$$

式中，$\bar{p}'$ 为正常屈服面上的平均骨架应力。由正常屈服面和下负荷面之间的相似性原理可得如下关系式：

$$\frac{q}{\bar{q}}=\frac{p'}{\bar{p}'} \quad (4-2)$$

$$\frac{\bar{p}'}{p'}=\frac{\bar{p}'_{\mathrm{x}}}{p'_{\mathrm{N}}} \quad (4-3)$$

式中，$\bar{q}$ 为正常屈服面上的广义剪应力。将式(4-2) 和式(4-3) 代入式(4-1) 中可得

$$f=\frac{\lambda-\kappa}{1+e_0}\ln\frac{p'}{p'_{\mathrm{r}}}+\frac{\lambda-\kappa}{1+e_0}\ln\left(1+\frac{q^2}{M^2p'^2}\right)+\frac{\lambda-\kappa}{1+e_0}\ln\frac{p'_{\mathrm{x}}}{p'_{\mathrm{N}}}-\varepsilon_{\mathrm{vp}}-\frac{\lambda}{1+e_0}\xi(S_{\mathrm{r}})=0$$

(4-4)

这里，引入一个新的变量 R 来描述下负荷面与正常屈服面之间的相对位置，其定义如下：

$$R=\frac{p'_{\mathrm{N}}}{\bar{p}'_{\mathrm{x}}} \quad (4-5)$$

新变量 R 的倒数 $1/R$ 即为超固结比。将式(4-5)代入式(4-4)中即可得到下负荷面的表达式：

$$f=\frac{\lambda-\kappa}{1+e_0}\ln\frac{p'}{p'_{\mathrm{r}}}+\frac{\lambda-\kappa}{1+e_0}\ln\left(1+\frac{q^2}{M^2p'^2}\right)-\frac{\lambda-\kappa}{1+e_0}\ln R-\varepsilon_{\mathrm{vp}}-\frac{\lambda}{1+e_0}\xi(S_{\mathrm{r}})=0 \tag{4-6}$$

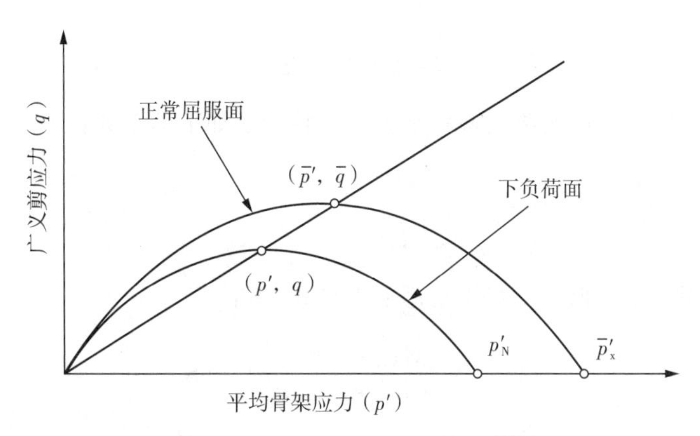

图 4-1　正常屈服面与下负荷面

图 4-2 是超固结非饱和土试样在加载时下负荷面与正常屈服面的发展规律示意简图。超固结非饱和土试样的初始状态变量分别为 p'_{N0}，p'_{x0}，R_0，当试样受到外荷载作用时，下负荷面与正常屈服面都向外扩张，随着变形的发展，下负荷面逐渐接近正常屈服面，状态变量 R 的值也逐渐接近 1，当状态变量 R 的值等于 1 时，下负荷面与正常屈服面重合，这表示试样由超固结土变为正常固结土。

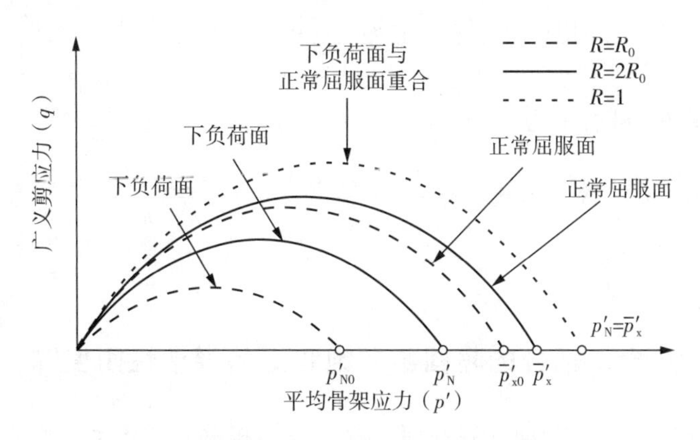

图 4-2　正常屈服面与下负荷面发展规律示意图

4.2.2 超固结系数的发展准则

下负荷面与正常屈服面的相对位置由状态变量 R 控制，超固结土在外荷载作用下发生塑性变形，且随着变形的发展超固结土会变为正常固结土，这就要求状态变量 R 是塑性应变的单调递增函数，状态变量 R 的增量方程采用如下形式[192]：

$$\mathrm{d}R = U(R)\,\|\mathrm{d}\varepsilon_{\mathrm{p}ij}\| \tag{4-7}$$

式中，$U(R)$ 为关于 R 的单调递减函数，并且满足如下关系式：

$$U(0) = \infty \tag{4-8}$$

$$U(1) = 0 \tag{4-9}$$

为使模型使用简单，假设 $U(R)$ 采用如下形式[196]：

$$U = -\frac{\theta M(\lambda - \kappa)}{1 + e_0}\left(\frac{p'}{p'_{\mathrm{r}}}\right)^2 \ln R \tag{4-10}$$

式中，θ 为材料参数，控制着超固结比的发展速率。将式(4－10) 代入式(4－7)中，即可得到状态变量 R 的发展准则。

$$\mathrm{d}R = -\frac{\theta M(\lambda - \kappa)}{1 + e_0}\left(\frac{p'}{p'_{\mathrm{r}}}\right)^2 \ln R\,\|\mathrm{d}\varepsilon_{\mathrm{p}_{ij}}\| \tag{4-11}$$

对于某个超固结非饱和土试样，假设其初始平均净应力为 p_0，初始基质吸力为 s_0，初始孔隙比为 e_0，初始饱和度为 S_{r0}，则初始状态时的屈服应力 p'_{x0} 可表示为

$$p'_{\mathrm{x0}} = \exp\left[\frac{N - \lambda\xi(S_{\mathrm{r0}}) - e_0 + \lambda\ln p'_{\mathrm{r}} - \kappa\ln(p_0 + S_{\mathrm{r0}}s_0)}{\lambda - \kappa}\right] \tag{4-12}$$

初始状态变量 R_0 可表示为

$$R_0 = \frac{p'_{\mathrm{N0}}}{p'_{\mathrm{x0}}} = (p_0 + S_{\mathrm{r0}}s_0)\exp\left[-\frac{N - \lambda\xi(S_{\mathrm{r0}}) - e_0 + \lambda\ln p'_{\mathrm{r}} - \kappa\ln(p_0 + S_{\mathrm{r0}}s_0)}{\lambda - \kappa}\right] \tag{4-13}$$

4.2.3 水力-力学耦合的超固结非饱和土的弹塑性刚度阵

上文已推导了下负荷面的屈服面方程，根据相关联的流动法则，塑性势函数与屈服面方程的形式相同，可采用下式表示。

$$g=\frac{\lambda-\kappa}{1+e_0}\ln\frac{p'_{\mathrm{r}}}{}+\frac{\lambda-\kappa}{1+e_0}\ln\left(1+\frac{q^2}{M^2p'^2}\right)-\frac{\lambda-\kappa}{1+e_0}\ln R-\varepsilon_{\mathrm{vp}}-\frac{\lambda}{1+e_0}\xi(S_{\mathrm{r}})=0 \tag{4-14}$$

将式(4－7) 微分后得到协调方程：

$$\mathrm{d}f=\frac{\partial f}{\partial\sigma'_{ij}}\mathrm{d}\sigma'_{ij}+\frac{\partial f}{\partial\varepsilon_{\mathrm{vp}}}\mathrm{d}\varepsilon_{\mathrm{vp}}+\frac{\partial f}{\partial S_{\mathrm{r}}}\mathrm{d}S_{\mathrm{r}}+\frac{\partial f}{\partial R}\mathrm{d}R=0 \tag{4-15}$$

$$\frac{\partial f}{\partial\sigma'_{ij}}=\frac{\lambda-\kappa}{1+e_0}\left[\frac{M^2\sigma'^2_{\mathrm{m}}-q^2}{3\sigma'_{\mathrm{m}}(M^2\sigma'^2_{\mathrm{m}}+q^2)}\delta_{ij}+\frac{3s_{ij}}{(M^2\sigma'^2_{\mathrm{m}}+q^2)}\right] \tag{4-16}$$

$$\frac{\partial f}{\partial\varepsilon_{\mathrm{vp}}}=-1 \tag{4-17}$$

$$\frac{\partial f}{\partial S_{\mathrm{r}}}=-\frac{\lambda a}{1+e_0}\frac{1}{S_{\mathrm{r}}} \tag{4-18}$$

$$\frac{\partial f}{\partial R}=-\frac{\lambda-\kappa}{1+e_0}\frac{1}{R} \tag{4-19}$$

根据相关联的流动法则，塑性应变增量可表示为

$$\mathrm{d}\varepsilon_{\mathrm{p}_{ij}}=\Lambda\frac{\partial f}{\partial\sigma'_{ij}} \tag{4-20}$$

弹性应变增量可采用下式表示：

$$\mathrm{d}\varepsilon_{\mathrm{e}_{ij}}=\mathrm{d}\varepsilon_{ij}-\mathrm{d}\varepsilon_{\mathrm{p}_{ij}} \tag{4-21}$$

根据胡克定律，应力增量可表示为

$$\mathrm{d}\sigma'_{ij}=E_{ijkl}\left(\mathrm{d}\varepsilon_{kl}-\Lambda\frac{\partial f}{\partial\sigma_{kl}}\right) \tag{4-22}$$

将式(4－22) 代入式(4－15) 后可得

$$\mathrm{d}f=\frac{\partial f}{\partial\sigma'_{ij}}E_{ijkl}\left(\mathrm{d}\varepsilon_{kl}-\Lambda\frac{\partial f}{\partial\sigma'_{kl}}\right)+\frac{\partial f}{\partial\varepsilon_{\mathrm{vp}}}\Lambda\frac{\partial f}{\partial\sigma'_{\mathrm{m}}}+\frac{\partial f}{\partial S_{\mathrm{r}}}\mathrm{d}S_{\mathrm{r}}+\frac{\partial f}{\partial R}\mathrm{d}R=0 \tag{4-23}$$

式中，$\boldsymbol{E}_{ijkl}$ 为弹性刚度阵，Λ 为塑性乘子。

$$\boldsymbol{E}_{ijkl}=\begin{bmatrix} K+\frac{4}{3}G & K-\frac{2}{3}G & K-\frac{2}{3}G & 0 & 0 & 0 \\ K-\frac{2}{3}G & K+\frac{4}{3}G & K-\frac{2}{3}G & 0 & 0 & 0 \\ K-\frac{2}{3}G & K-\frac{2}{3}G & K+\frac{4}{3}G & 0 & 0 & 0 \\ 0 & 0 & 0 & G & 0 & 0 \\ 0 & 0 & 0 & 0 & G & 0 \\ 0 & 0 & 0 & 0 & 0 & G \end{bmatrix} \tag{4-24}$$

式中，K 为体积模量，G 为剪切模量。

$$K=\frac{E}{3(1-2\nu)} \tag{4-25}$$

$$G=\frac{E}{2(1+\nu)} \tag{4-26}$$

式中，E 为弹性模量，ν 为泊松比。

$$E=\frac{3(1-2\nu)(1+e_0)}{\kappa}\sigma'_{\mathrm{m}} \tag{4-27}$$

由式(4－11) 可知，

$$\mathrm{d}R=-\Lambda Y\frac{\theta M(\lambda-\kappa)}{1+e_0}\left(\frac{p'}{p'_{\mathrm{r}}}\right)^2\ln R \tag{4-28}$$

其中，

$$Y=\frac{1}{(M^2\sigma'^2_{\mathrm{m}}+q^2)\sigma'_{\mathrm{m}}}\sqrt{\frac{1}{3}(M^2\sigma'^2_{\mathrm{m}}-q^2)^2+18J_2\sigma'^2_{\mathrm{m}}} \tag{4-29}$$

式中，J_2 为偏应力张量的第二不变量。

$$J_2=\frac{1}{2}s_{ij}s_{ij} \tag{4-30}$$

将式(4－23) 整理后可得塑性乘子：

$$\Lambda=\frac{1}{h_{\mathrm{p}}}\left(\frac{\partial f}{\partial\sigma'_{ij}}E_{ijkl}\mathrm{d}\varepsilon_{kl}+\frac{\partial f}{\partial S_{\mathrm{r}}}\mathrm{d}S_{\mathrm{r}}\right) \tag{4-31}$$

$$h_{\mathrm{p}}=\frac{\partial f}{\partial\sigma'_{ij}}E_{ijkl}\frac{\partial f}{\partial\sigma'_{kl}}-\frac{\partial f}{\partial\varepsilon_{\mathrm{vp}}}\frac{\partial f}{\partial\sigma'_{\mathrm{m}}}+\frac{\partial f}{\partial R}Y\frac{\theta M(\lambda-\kappa)}{1+e_0}\left(\frac{p'}{p'_{\mathrm{r}}}\right)^2\ln R \tag{4-32}$$

由胡克定理可得：

$$d\sigma'_{ij}=E_{ijkl}d\varepsilon_{e_{kl}}=E_{ijkl}(d\varepsilon_{kl}-d\varepsilon_{p_{kl}}) \tag{4-33}$$

根据相关联的流动法则，式(4－33)经化简后得到的应力增量表达式为

$$d\sigma'_{ij}=E_{ep_{ijkl}}d\varepsilon_{kl}+W_{ep_{ij}}dS_r \tag{4-34}$$

$$E_{ep_{ijkl}}=E_{ijkl}-\frac{1}{h_p}E_{ijpq}\frac{\partial f}{\partial\sigma'_{pq}}\frac{\partial f}{\partial\sigma'_{mn}}E_{mnkl} \tag{4-35}$$

$$W_{ep_{ij}}=-\frac{1}{h_p}E_{ijkl}\frac{\partial f}{\partial\sigma'_{kl}}\frac{\partial f}{\partial S_r} \tag{4-36}$$

至此，可考虑不同超固结比影响的水力-力学耦合的超固结非饱和土的本构关系推导完毕。

4.3　水力-力学耦合的超固结非饱和土本构关系的验证

4.3.1　具有不同初始超固结比的非饱和土的力学特性模拟

本节通过两个超固结土的数值算例对提出的超固结非饱和土的本构模型进行初步验证，假设非饱和土的材料参数如表4－1所示，试样的加载方式分别为等压压缩和三轴剪切。

表4－1　非饱和土的材料参数

力学参数	水力特性参数
$\lambda=0.1$	$a_d=100$ kPa，$n_d=0.5$，$m_d=2.0$
$\kappa=0.03$	$a_w=50$ kPa，$n_w=0.5$，$m_w=2.0$
$\nu=0.3$	$S_{r\,res}=0$
$M=1.0$	$S_{r0}=1.0$
$a=-2.0$	$\beta=17.0$
$b=0$	$H=5.0$
$N=2.0$	$\lambda_{sr}=0.3$
$\theta=0.5$	—

在等压压缩试验中，为获得具有不同初始超固结比的非饱和土试样，试样的

应力路径分为以下五步(如图 4-3 所示)。

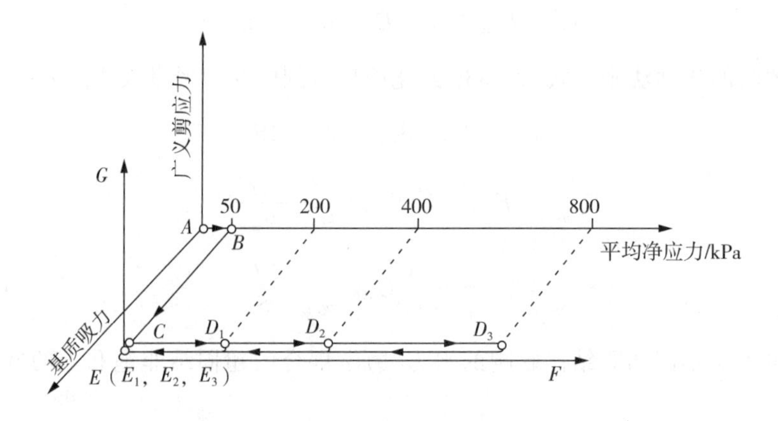

图 4-3　试样的应力路径

第一步：在饱和状态时，将净应力由 0 kPa 加载至 50 kPa(A—B)。

第二步：保持净应力恒定，将基质吸力由 0 kPa 加载至 100 kPa(B—C)。

第三步：保持基质吸力 100 kPa 恒定，净应力分别由 50 kPa 加载至 200 kPa，400 kPa，800 kPa(C—D_1，C—D_2，C—D_3)。

第四步：保持基质吸力 100 kPa 恒定，将净应力卸载至 50 kPa(D_1—E_1，D_2—E_2，D_3—E_3)。

第五步：保持基质吸力100 kPa恒定，分别对试样进行等压压缩(E—F)或三轴剪切试验(E—G)。

采用该应力路径是为使试样具有不同初始超固结比与不同初始饱和度，本书重点考虑不同初始饱和度的影响，所以采用一级基质吸力进行计算，基质吸力选取 100 kPa。通过计算得到点 E_1，E_2，E_3 的孔隙比分别为 1.53，1.48，1.43，由式(3-30)计算可得点 E_1，E_2，E_3 的饱和度分别为0.73，0.75，0.77。对这三个非饱和土试样分别进行等压压缩试验，应力路径 E 点到 F 点的数值模拟结果如图 4-4 所示。孔隙比与平均骨架应力的关系曲线见图 4-4(a)，孔隙比与平均净应力的关系曲线见图 4-4(b)。图 4-4(a) 和图 4-4(b) 表明由本书提出的模型计算得到的压缩曲线是光滑非线性的连续曲线，超固结比越大的试样在压缩曲线初始段的压缩系数越小，到达正常固结状态所需的应力越大。Jotisankasa[38] 对非饱和土试样进行了不排水条件下的压缩试验，试验表明非饱和土试样在压缩过程中可能会变为饱和试样，这是因为在压缩过程中，孔隙中的部分气体会溶解于水中，剩余部分气体的体积会随着应力的升高而减小，所以非饱和土试样在应力增大的过程中可能会变为饱和土试样。图 4-4(a) 和图 4-4(b) 中模型计算结果表明：随着应力的增大，三个试样的压缩曲线与饱和土的正常压缩曲线逐渐靠拢，最后与饱和土的压缩曲线重合。图 4-4(c) 是三个试样的平均净应力与饱和度的关系曲线，计算表明在基质吸力恒定的条件下对非饱和土试样压缩可以增大试样的饱和度。图 4-4(d) 表明随着应变的增加，三个试样的超固结比均逐渐减小最后等于 1，表明随着应变的发展，试样最后都变为正常固结状态。

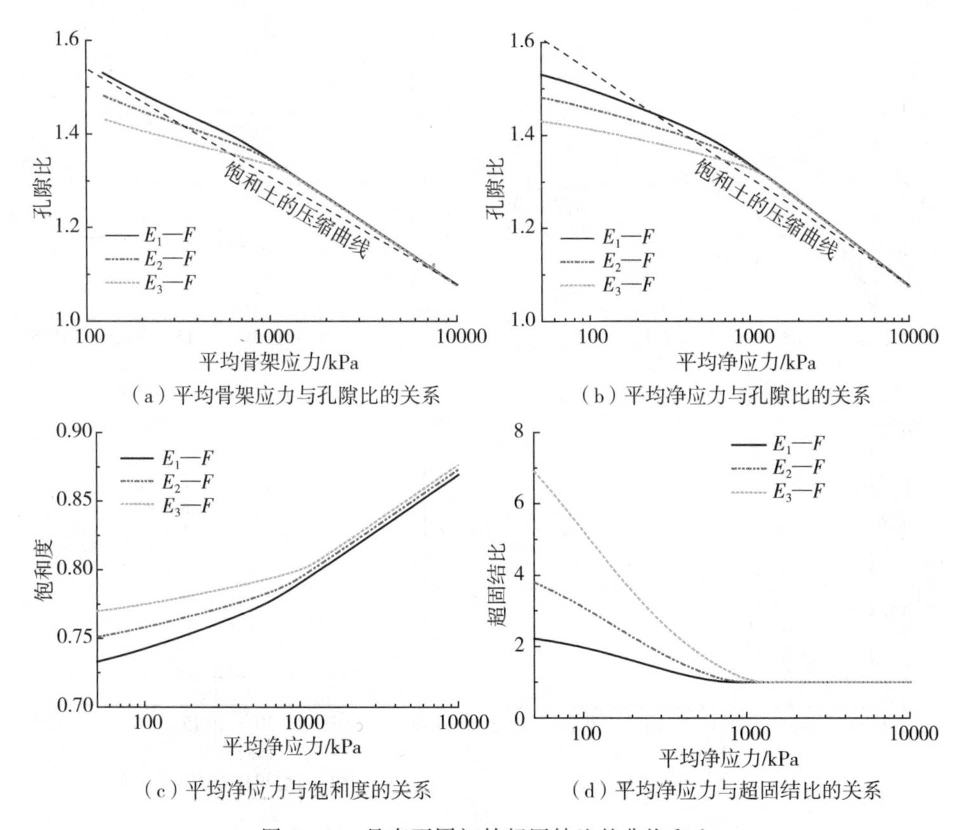

(a) 平均骨架应力与孔隙比的关系　　(b) 平均净应力与孔隙比的关系

(c) 平均净应力与饱和度的关系　　(d) 平均净应力与超固结比的关系

图 4-4　具有不同初始超固结比的非饱和土在基质吸力恒定($s=100$ kPa) 条件下的压缩特性

三轴剪切试验的应力路径为 $A—B—C—D—E—G$，试样在剪切的过程中基质吸力保持100 kPa恒定，试样的模拟结果如图4-5所示。图4-5(a)表明三个试样的临界状态与超固结比无关，在破坏时都到达了临界状态，对于初始超固结比越大的试样能够达到的峰值强度越高，随后发生明显的应变软化现象，而对于初始超固结比较小的试样达到峰值强度后的应变软化现象并不明显。图 4－5(b) 是轴向应变与体应变的关系曲线，对于重度超固结的试样在三轴剪切过程中首先发生剪缩，随后产生明显的剪胀现象，最后体应变会趋于稳定。图 4－5(c) 是轴向应变与饱和度的关系曲线，由于超固结比较高的试样在剪切过程中有明显的剪胀现象，所以试样的饱和度会随着轴向应变的增加先增大后减小，最后趋于稳定。图 4－5(d) 是轴向应变与超固结比的关系曲线，对于具有不同初始超固结比的三个试样，其超固结比都会随着轴向应变的发展而减小，最后变为正常固结土。

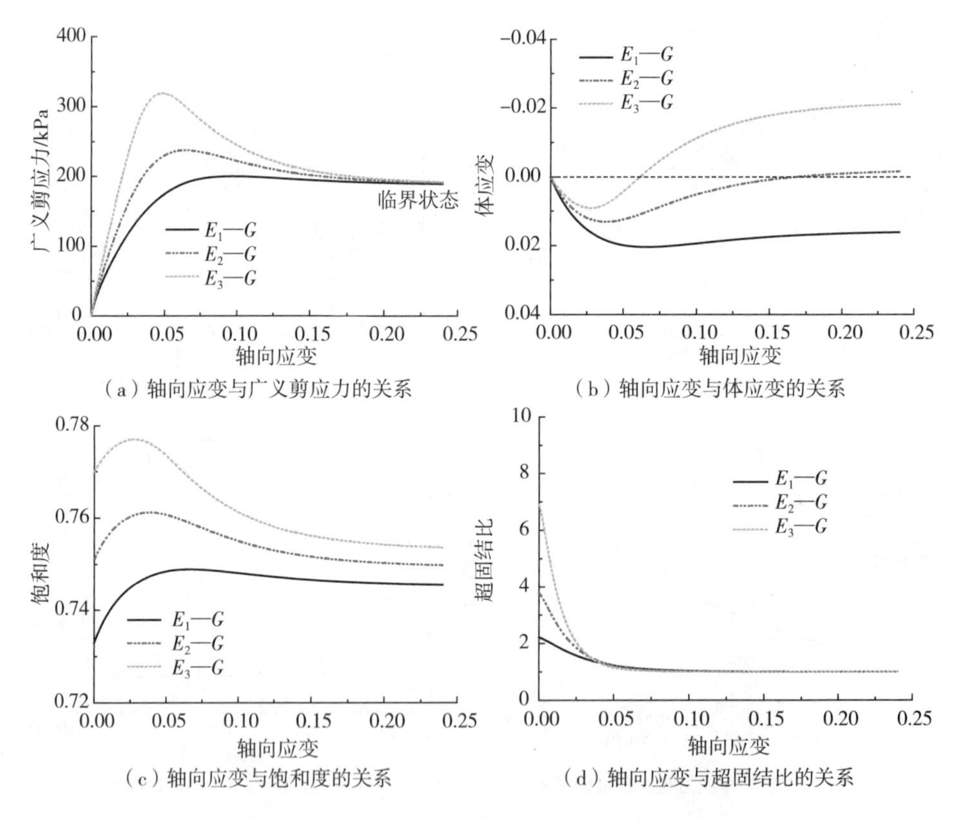

图 4－5　具有不同初始超固结比的非饱和土

在基质吸力恒定(s = 100 kPa) 条件下的剪切特性

4.3.2　常吸力条件下超固结非饱和土的压缩特性预测

Sun 等[164，188] 对非饱和珍珠土的力学性质和水力特性进行了详细的研究，珍珠土试样被击实至不同的初始密实度，因而具有不同的初始超固结比，本节采用该试验数据验证本书提出的超固结非饱和土的本构模型。珍珠土由50%的黏粒和50%的粉粒组成，其液限和塑性指数分别为49%和2.2。珍珠土的材料参数如表4-2所示，在使用该模型前还需确定参数θ，该参数可由Sun等[188]对非饱和珍珠土的压缩试验数据校核得到，由式(4-13)可得，试样的初始超固结比为1.67，通过选取不同的θ(如0.1，0.55，1.0)对该试验数据进行试算，图4-6为当θ取不同的值时模型的预测结果和试验结果的对比。由图4-6可知，当θ取0.55时模型的预测结果与试验结果最为吻合(图4-6中黑实线)，故θ取0.55。

表4-2 珍珠土的材料参数

力学参数	水力特性参数
$\lambda = 0.12$	$a_d = 150\text{kPa}$，$n_d = 0.35$，$m_d = 2.0$
$\kappa = 0.03$	$a_w = 35\text{kPa}$，$n_w = 0.35$，$m_w = 2.0$
$\nu = 0.3$	$S_{r\,res} = 0$
$M = 1.1$	$S_{r0} = 0.88$
$a = -4.29$	$H = 23.0$
$b = -1.1$	$\beta = 8.0$
$\theta = 0.55$	$\lambda_{sr} = 0.35$

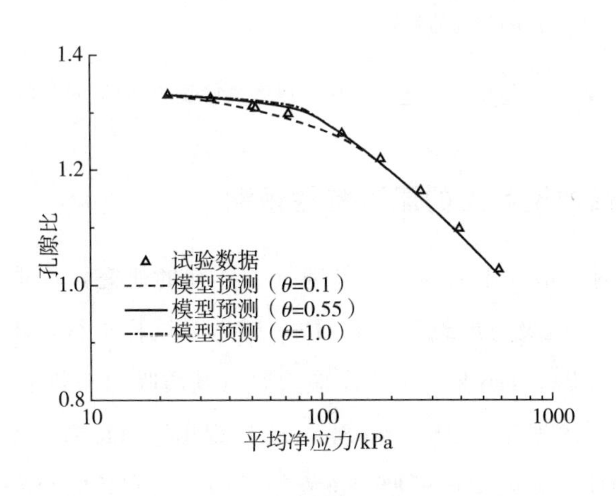

图4-6 模型参数校核

Sun等[164]对初始密实度不同的非饱和珍珠土在147 kPa基质吸力条件下进行了压缩试验。三个试样的初始孔隙比分别为1.39，1.28，1.17，根据式(4-13)

计算得到三个试样的初始超固结比分别为1.45，1.60，2.67。在加载过程中，平均净应力由 20 kPa 增加至 600 kPa。将试验数据和模型的预测结果绘制于图 4-7中，由图 4-7(a) 可知试样的初始超固结比越高，在压缩的初始阶段试样越难以压缩，试样的屈服应力也越大，本书提出的模型很好地预测了这个趋势。图 4-7(b) 表明虽然在压缩过程试样的基质吸力保持恒定，但由于平均净应力的增大，试样孔隙比的减小，试样的饱和度在压缩过程中呈上升趋势，模型计算得到的饱和度在基质吸力恒定的压缩试验过程也呈现上升趋势。通过模型的预测结果与试验结果之间的对比表明本章提出的模型能够较准确地预测超固结非饱和土的压缩性质和水力特性。

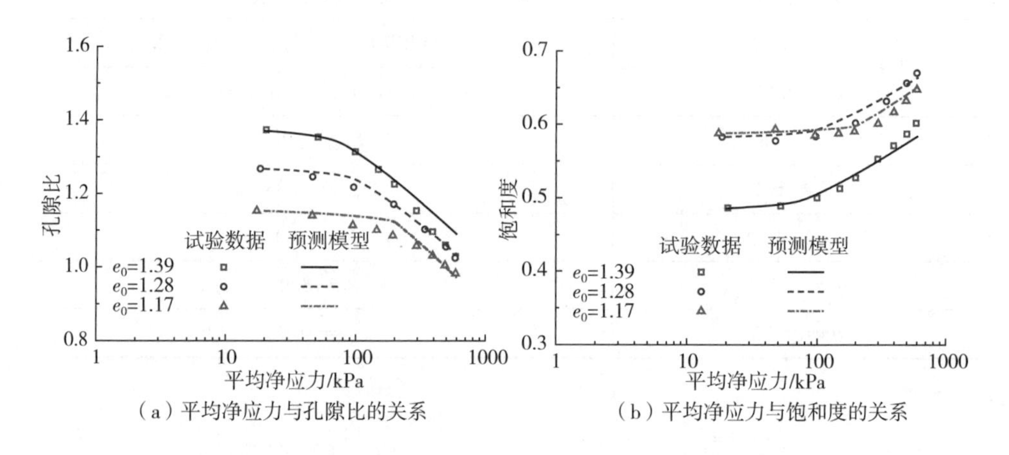

(a) 平均净应力与孔隙比的关系

(b) 平均净应力与饱和度的关系

图 4-7 超固结非饱和珍珠土压缩试验结果与模型预测对比

4.3.3 超固结非饱和土的湿陷特性预测

Sun 等[138] 对非饱和土的湿陷现象进行了详细的研究，珍珠土试样的初始孔隙比为 1.27，将基质吸力加载至 147 kPa，随后对试样进行等压压缩，最后分别在 588 kPa，392 kPa，196 kPa 平均净应力时将基质吸力卸载至 0 kPa，试验结果如图 4-8～图 4-10 所示。Zhou 和 Sheng[197] 提出了可以考虑不同初始密实度对非饱和土力学性质影响的本构模型，该模型采用平均有效应力和有效饱和度作为本构关系的基本变量，并认为非饱和土压缩曲线的斜率为有效饱和度的函数，该模型也通过引入下负荷面来考虑初始密实度对非饱和土的影响。虽然 Zhou 和 Sheng 提出的模型与本书的模型有相似之处，但本书提出的模型认为在饱和度恒定时非饱和土的压缩曲线与饱和土的压缩曲线平行。Zhou 和 Sheng[197]模型的预测结果与本书提出的模型的预测结果如图 4-8～图 4-10 所示。

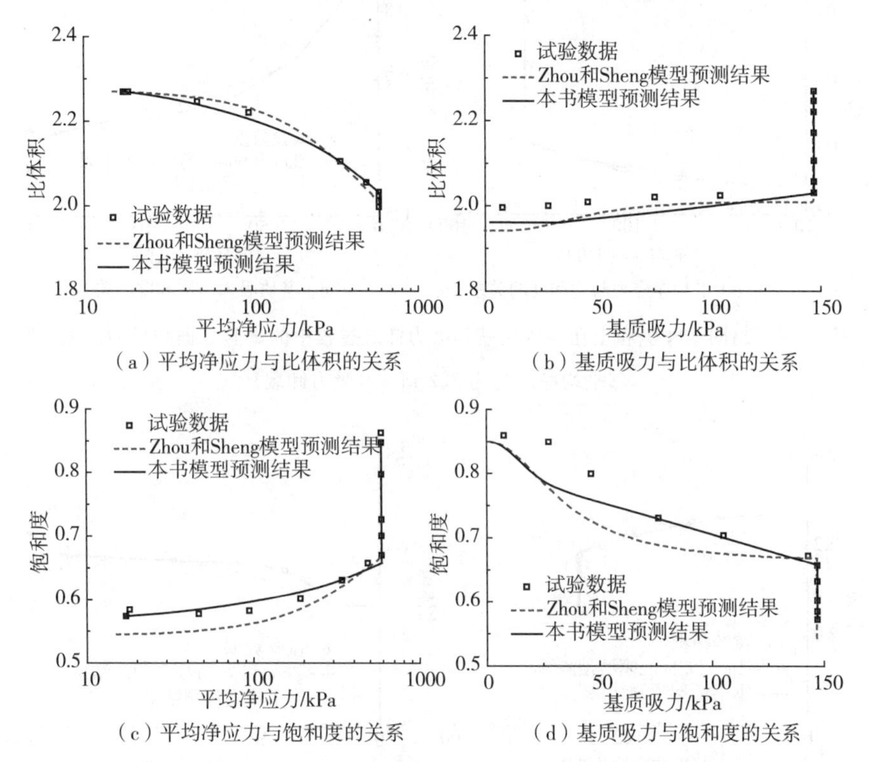

(a) 平均净应力与比体积的关系　(b) 基质吸力与比体积的关系

(c) 平均净应力与饱和度的关系　(d) 基质吸力与饱和度的关系

图 4-8　超固结非饱和土在等压压缩和吸力卸载过程中的试验数据和模型预测

(平均净应力为 588 kPa 时吸力卸载)

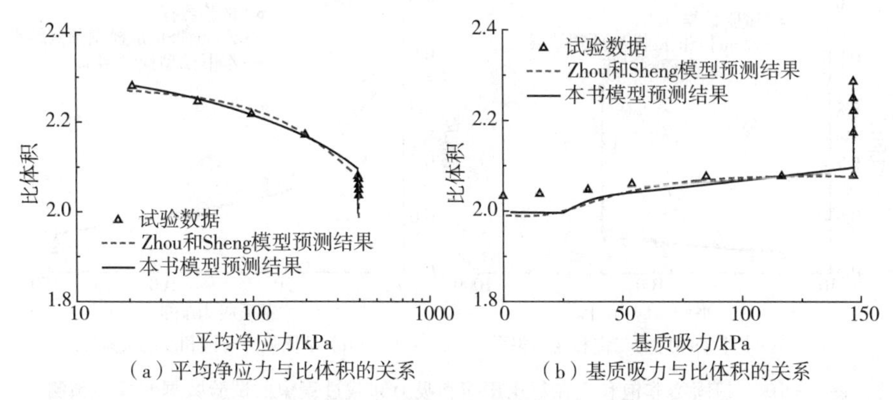

(a) 平均净应力与比体积的关系　(b) 基质吸力与比体积的关系

图 4-9　超固结非饱和土在等压压缩和吸力卸载过程中的试验数据和模型预测

(平均净应力为 392 kPa 时吸力卸载)

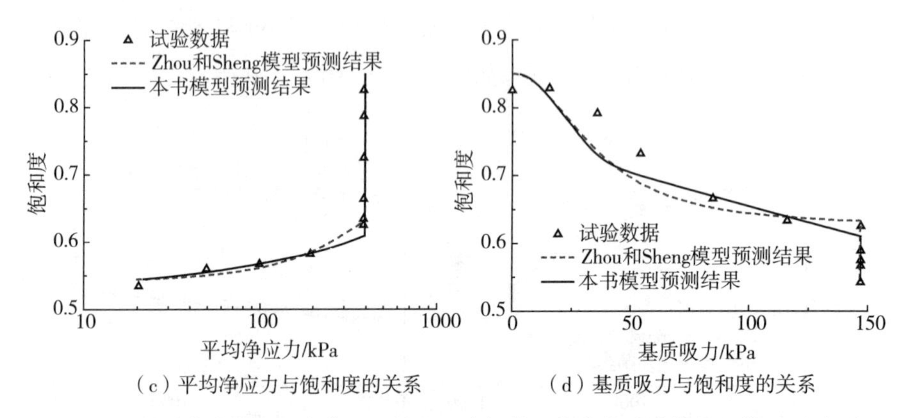

（c）平均净应力与饱和度的关系　　（d）基质吸力与饱和度的关系

图 4-9　超固结非饱和土在等压压缩和吸力卸载过程中的试验数据和模型预测(续)
(平均净应力为 392 kPa 时吸力卸载)

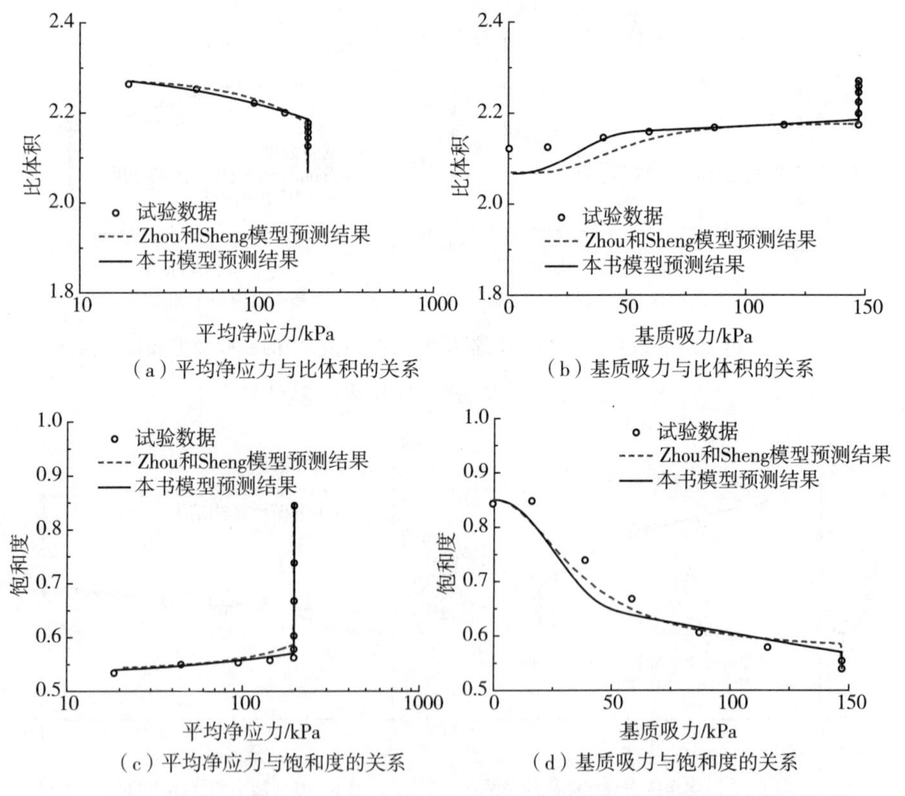

（a）平均净应力与比体积的关系　　（b）基质吸力与比体积的关系

（c）平均净应力与饱和度的关系　　（d）基质吸力与饱和度的关系

图 4-10　超固结非饱和土在等压压缩和吸力卸载过程中的试验数据和模型预测
(平均净应力为 196 kPa 时吸力卸载)

图 4-8(a)、图4-9(a)、图 4-10(a) 为平均净应力与比体积的关系，在净应

力加载阶段，模型预测结果为光滑的曲线，当基质吸力卸载时，试样发生湿陷现象，通过图4-8(a)、图4-9(a)、图4-10(a)中模型预测结果与试验数据的对比可知本书提出的模型很好地预测了这种趋势。图4-8(b)、图4-9(b)、图4-10(b)为基质吸力与比体积的关系，在基质吸力卸载的结束阶段，本书模型预测到试样会发生微弱的回弹，这是由于在基质吸力相对小时，试样的应力状态会由屈服面进入弹性区域。图4-8(c)、图4-9(c)、图4-10(c)为平均净应力与饱和度的关系，在净应力加载阶段试样的饱和度随着净应力的增大而升高。图4-8(d)、图4-9(d)、图4-10(d)为基质吸力与饱和度的关系，饱和度随着基质吸力的卸载而逐渐升高。两个模型的预测结果和试验数据的对比表明本书模型的预测结果与试验结果更加接近。通过本书模型的预测结果与试验数据的对比表明本书提出的模型能够较好地预测超固结非饱和土在等压压缩过程中的力学性质和水力特性，也能够对非饱和土的湿陷特性进行较准确地预测。

4.3.4 超固结非饱和土的剪切特性预测

本书4.3.1节的算例表明具有不同超固结比的非饱和土试样表现出不同的应变硬化、软化、剪胀或剪缩特性。为验证本书模型预测超固结非饱和土剪切特性的能力，对Estabragh和Javadi[47]的三轴剪切试验结果进行预测。试验用土由5%的砂粒、90%的粉粒和5%的黏粒组成。Estabragh和Javadi首先将试样在100 kPa，200 kPa，300 kPa的基质吸力下平衡，然后将平均净应力加载至550 kPa，随后将净应力分别卸载至50 kPa，100 kPa，300 kPa，最后在常吸力下进行三轴剪切试验，试验结果如图4-11～图4-13所示。试样的压缩指数λ，回弹指数κ和临界状态应力比M由文献给出，其值分别为0.078，0.01，1.26；材料参数a和b由基质吸力恒定的压缩试验计算得到，其值分别为－2.31和－0.58；参数θ可由超固结饱和土的应力-应变关系校核得到，其值为1.0。由于文献中未给出试验过程中的饱和度变化，故无法确定水力参数λ_{sr}，其值设为0.0，即不考虑孔隙比变化对饱和度的影响。剪切试验开始时试样的状态参数如表4-3所示，试样的初始超固结比由式(4-13)计算得到。

模型预测结果绘制于图4-11～图4-13中。由图4-11(a)、图4-12(a)、图4-13(a)可知初始超固结比较低的试样在剪切过程中表现出应变硬化现象，而对于初始超固结比较高的试样在剪切过程中达到峰值强度后出现应变软化现象，模型的预测结果与试验数据相符。由图 4-11(b)、图 4-12(b)、图 4-13(b)可知初始超固结比较低的试样在剪切过程发生体缩，而对于初始超固结比较高的试样在剪切过程中先出现体缩随后出现体胀。模型预测的试样变形趋势与试验结果相符，但预测结果与试验结果还存在一定差距，笔者认为这是试验误差导致的，试样到达临界状态后体应变增量为零，而试验中能观测到体应变继续发展，这是由于在剪切破坏后试样会形成剪切带，所以能够测到体应变继续发展。通过模型的预测结果与试验结果之间的对比表明，本书提出的模型能够对超固结非饱和土的剪切特性进行较准确的预测。

表 4-3　剪切试验开始时的状态参数

编号	围压/kPa	基质吸力/kPa	超固结比	初始饱和度	比体积
1	50	100	4.07	0.545	1.68
2	100	100	3.52	0.386	1.74
3	300	100	1.61	0.568	1.64
4	50	200	4.37	0.425	0.7
5	100	200	3.69	0.4	0.7
6	300	200	1.93	0.456	0.66
7	50	300	4.18	0.393	0.7
8	100	300	2.81	0.405	0.71
9	300	300	1.52	0.389	0.7

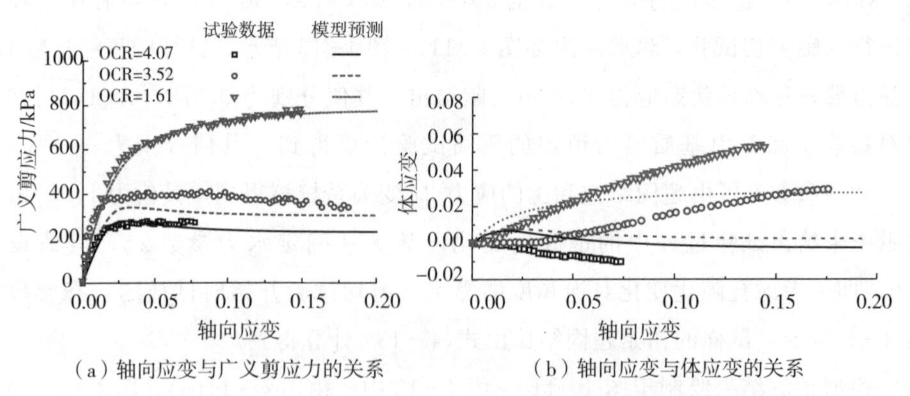

（a）轴向应变与广义剪应力的关系　　（b）轴向应变与体应变的关系

图 4-11　100 kPa 基质吸力时不同初始超固结比的非饱和土试样三轴剪切试验结果与模型预测结果对比

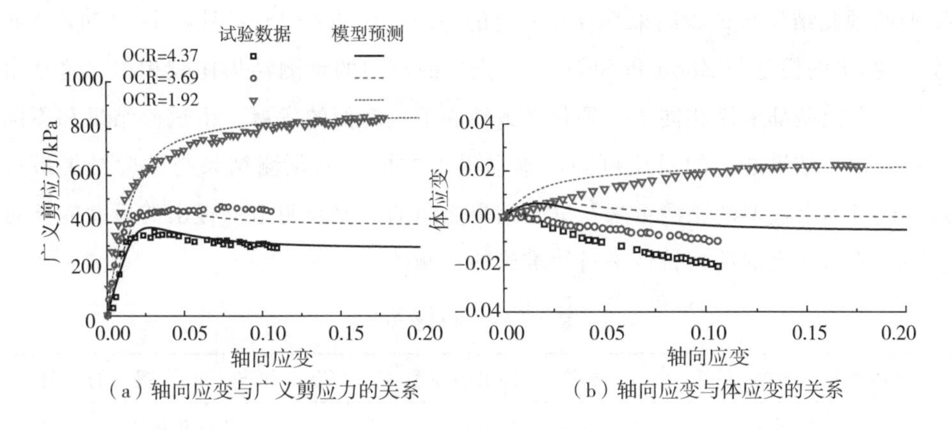

(a) 轴向应变与广义剪应力的关系　　(b) 轴向应变与体应变的关系

图 4-12　200 kPa 基质吸力时不同初始超固结比的非饱和土试样三轴剪切试验结果与模型预测结果对比

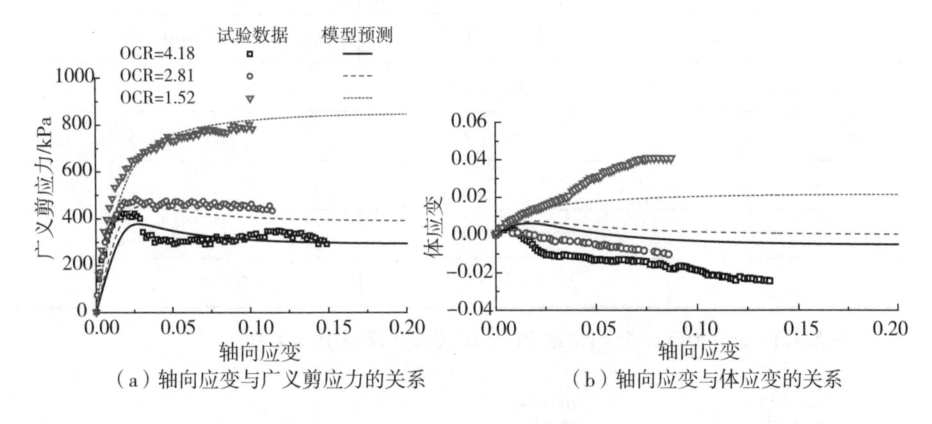

(a) 轴向应变与广义剪应力的关系　　(b) 轴向应变与体应变的关系

图 4-13　300 kPa 基质吸力时不同初始超固结比的非饱和土试样三轴剪切试验结果与模型预测结果对比

Yao 等[195] 将统一硬化模型引入 BBM 框架内，采用当前屈服面描述超固结非饱和土的力学特性，采用参考屈服面描述正常固结非饱和土的力学性质，建立了超固结非饱和土的本构模型，Yao 等也对 Estabragh 和 Javadi [47] 的三轴剪切试验结果进行了预测。本节选用 Yao 等[195] 提出的模型、Zhou 和 Sheng [197] 提出的模型和本书提出的模型分别对同一批试验数据进行预测，最后对三个模型的预测结果进行对比，三个模型的参数列于表 4-4 中。模型的预测结果和试验结果如图 4-14 ~ 图 4-16 所示，三个模型都能够预测超固结非饱和土在三轴剪切过程中试样达到峰值强度后发生的应变软化现象，而对于体应变与轴向应变的关系，三个模型的预测结果与试验结果都存在一定的差距，由图4-14～图4-16可知，Yao等[195]提出的模型与Zhou和Sheng[197]提出的模型的预测结果比较相似，这是由于这两个模型都采用相同统一硬化参数控制下负荷面的发展。由试验结果和不同模型的预测结果之间的对比可知，本书提出的模型的预测结果与试验结果最接近。通过本书模型的预测结果与试验结果之间的对比表明本书提出的模型能够对超固结非饱和土的剪切特性进行较准确的预测。

表4-4　材料参数

本书提出的模型	Yao等[195]提出的模型	Zhou和Sheng[197]提出的模型
$\lambda=0.078$	$\lambda=0.078$	$\lambda=0.078$
$\kappa=0.01$	$\kappa=0.01$	$\kappa=0.01$
$M=1.26$	$M=1.48$	$\lambda_d^*=0.01$
$\upsilon=0.3$	$\upsilon=0.3$	$M=1.26$
$a=-2.31$	$\lambda_s^*=0.08$	$\upsilon=0.3$
$b=-0.58$	$k^*=0.6$	$a_1^*=2.4$
$\theta=1.0$	$\gamma^*=0.75$	—
—	$\beta^*=0.012\ \mathrm{kPa}^{-1}$	—
—	$p_c^*=100\ \mathrm{kPa}$	—

注：带星号的变量为Yao等模型或Zhou和Sheng模型中的参数。

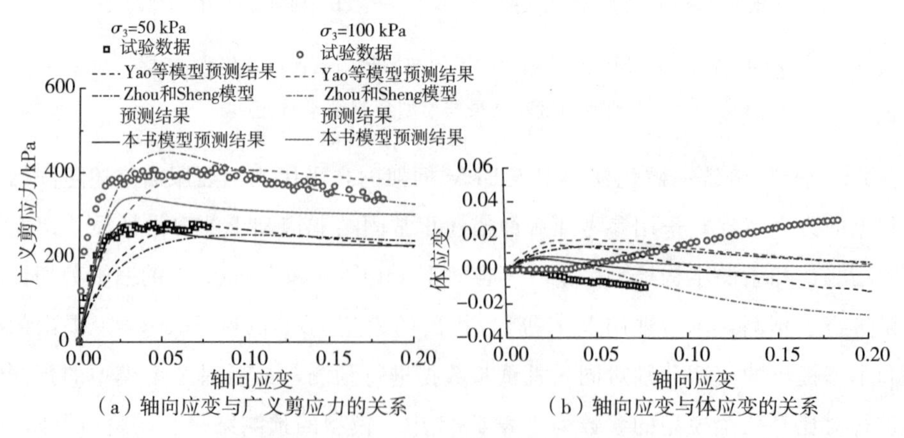

（a）轴向应变与广义剪应力的关系　　（b）轴向应变与体应变的关系

图4-14　100 kPa基质吸力时不同初始超固结比的非饱和土试样三轴剪切试验结果与不同模型预测结果对比

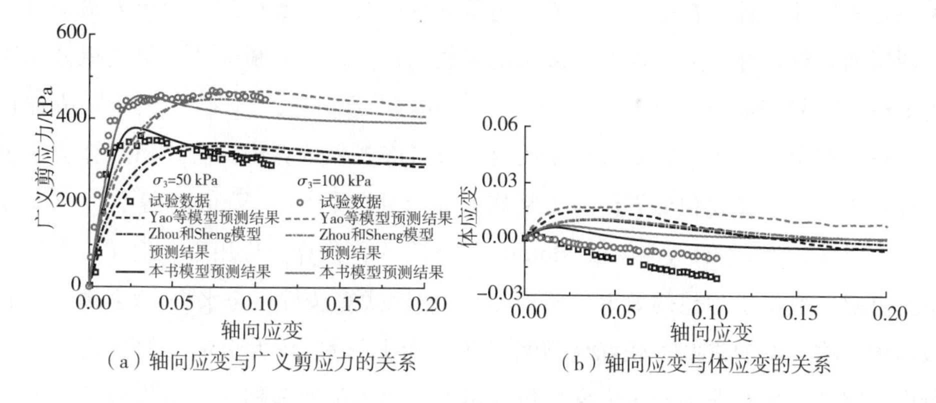

（a）轴向应变与广义剪应力的关系　　（b）轴向应变与体应变的关系

图 4-15　200 kPa 基质吸力时不同初始超固结比的非饱和土试样三轴剪切试验结果与不同模型预测结果对比

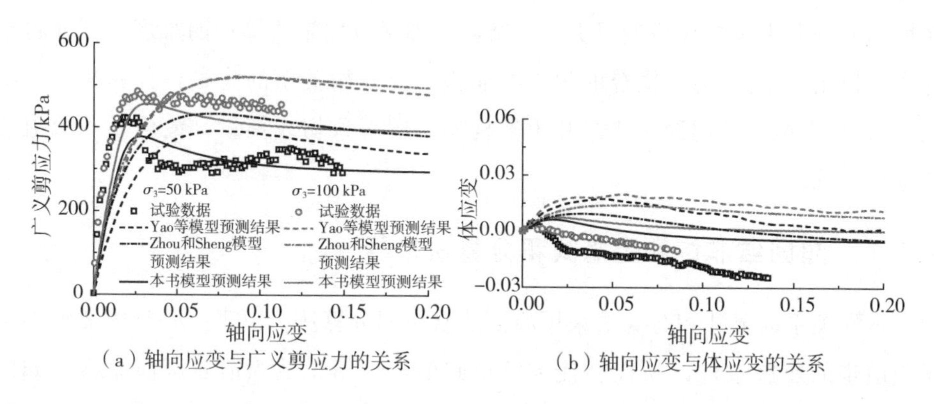

（a）轴向应变与广义剪应力的关系　　（b）轴向应变与体应变的关系

图 4-16　300 kPa 基质吸力时不同初始超固结比的非饱和土试样三轴剪切试验结果与不同模型预测结果对比

4.4　水力-力学耦合的超固结非饱和土本构关系的隐式积分算法

将水力-力学耦合的超固结非饱和土的本构模型应用于实际工程问题时，本构方程求解是一个复杂的非线性问题，基本采用数值算法对本构方程进行求解。非饱和土本构模型的数值算法可以分为两类，即显式的本构积分算法和隐式的本构积分算法，不同的积分算法直接影响最终数值结果的精确度。显式的本构积分算法采用向前的欧拉积分方法求解下一步的应力增量。由于超固结非饱和土本构关系是非线性方程，在采用显式的本构积分算法时，会使得当前的应力状态漂移至屈服面之外，导致局部误差，影响最终数值计算结果的精确性。隐式积分算法由 Krieg R. D. 和 Krieg D. B.[198]提出，Simo 和 Taylor[199]对隐式积分算法进行了改进，提出了基于一致切线模量的返回映射隐式积分算法。隐式积分算法通过塑性修正解决了显式积分算法应力从屈服面漂移的问题。Vaunat 等[200]、Zhang 等[201]、Borja[151]与 Hoyos 和 Arduino[202]将隐式积分算法应用于非饱和土本构关系的求解，取得了理想的效果，刘艳等[203]将隐式算法推广至水力-力学耦合的非饱和土本构关系的求解，较好地预测了非饱和土的水力-力学耦合的特性，但未考虑超固结作用对非饱和土力学性质的影响。为了描述前期应力历史对后期土体变形的影响，需在本构模型中引入能够考虑应力历史对土体变形影响的方程，如姚仰平等[204]在统一硬化模型中引入下负荷面模型，但这也使得水力-力学耦合的超固结非饱和土本构模型变得更加复杂，增加了应用隐式算法的难度。下面将推导本书提出的水力-力学耦合的超固结非饱和土本构关系的隐式积分算法，并给出水力-力学耦合的超固结非饱和土本构模型的一致切线模量，最后对该数值算法进行验证。

4.4.1 超固结非饱和土隐式积分算法推导

本构关系的显式积分算法采用向前的欧拉积分算法，由于上一步的变量不满足当前步的屈服条件，所以会使求解得到的应力增量从当前屈服面漂移，如图 4-17(a) 所示，影响计算精度。非饱和土本构关系的隐式积分算法主要由弹性预测和塑性修正这两步组成，在塑性修正通过迭代不断更新当前的应力变量和内变量，解决了应力变量从屈服面上漂移的问题，如图 4-17(b) 所示，提高了数值算法的精确度。由于本书提出的模型采用下负荷面描述超固结的影响，使得当前的应力状态始终位于下负荷面之上，所以本书的模型可以跳过弹性预测直接进行塑性修正，从而简化了隐式积分算法的计算过程。

在$[t_n, t_{n+1}]$时刻内，总应变增量为 $\Delta\boldsymbol{\varepsilon}$，弹性试探应变与总应变相等，根据相关联的流动法则，在 t_{n+1} 时刻的弹性应变增量可表示为

$$\Delta\boldsymbol{\varepsilon}_{\mathrm{e}_{n+1}} = \Delta\boldsymbol{\varepsilon}_{\mathrm{tr}} - \Lambda \frac{\partial f}{\partial \boldsymbol{\sigma}} \tag{4-37}$$

式中，$\Delta\boldsymbol{\varepsilon}_{\mathrm{tr}}$ 为弹性试探应变；Λ 为塑性乘子。由式(3-5)可知在$[t_n, t_{n+1}]$时刻内

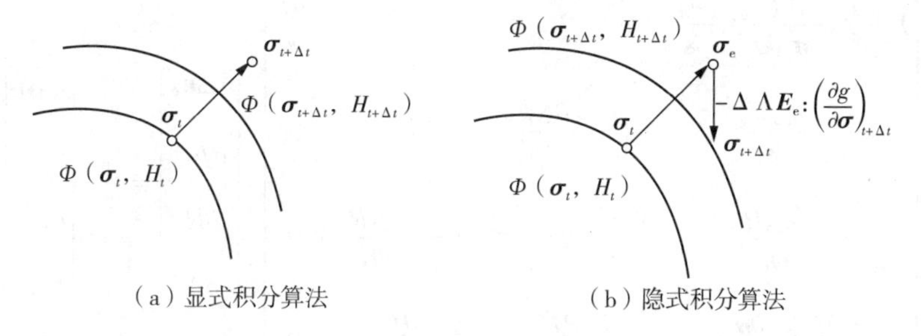

（a）显式积分算法　　（b）隐式积分算法

图 4-17　显式和隐式积分算法示意简图

的塑性体应变增量可表示为

$$\Delta\varepsilon_{\mathrm{vp}} = -\frac{\lambda-\kappa}{1+e_0}\frac{\Delta\bar{p}'_{\mathrm{x}}}{\bar{p}'_{\mathrm{x}}} + \frac{\lambda}{1+e_0}\frac{a}{S_{\mathrm{r}}}\Delta S_{\mathrm{r}} \tag{4-38}$$

将式(3-30)带入式(4-38)，经整理可得在$[t_n, t_{n+1}]$时刻内 $\bar{p}'_{\mathrm{x}}$的增量形式：

$$\Delta\bar{p}'_{\mathrm{x}} = -\frac{1+e_0}{\lambda-\kappa}\bar{p}'_{\mathrm{x}}(\Delta\varepsilon_{\mathrm{vtr}} - \Delta\varepsilon_{\mathrm{ve}}) - \frac{1+e_0}{\lambda-\kappa}\lambda\lambda_{\mathrm{Sr}}\frac{a}{S_{\mathrm{r}}}\bar{p}'_{\mathrm{x}}\Delta\varepsilon_{\mathrm{vtr}} + \frac{\lambda}{\lambda-\kappa}\frac{a}{S_r}\bar{p}'_{\mathrm{x}}\frac{\partial S_{\mathrm{r}}}{\partial s}\Delta s \tag{4-39}$$

在 t_{n+1} 时刻，$\bar{p}'_{\mathrm{x}}$可表示为

$$\bar{p}'_{\mathrm{x}(n+1)} = \bar{p}'_{\mathrm{x}(n)} + \Delta\bar{p}'_{\mathrm{x}}(\Delta\varepsilon_{\mathrm{ve}}, \bar{p}'_{\mathrm{x}}) \tag{4-40}$$

由超固结系数 R 的发展准则可得在 t_{n+1} 时刻 R 的表达式：

$$R_{(n+1)} = R_n + \Delta R(\Delta\boldsymbol{\varepsilon}_{\mathrm{e}}, R) \tag{4-41}$$

把 $\Delta\boldsymbol{\varepsilon}_{\mathrm{e}}$，$\bar{p}'_{\mathrm{x}(n+1)}$，$R_{(n+1)}$ 和 Λ 设为未知量，将式(4-6)、式(4-37)、式(4-40)和式(4-41)联立求解，为了书写简便，以下将下标 $n+1$ 省略，可得

$$\begin{cases} r_1 = \Delta\boldsymbol{\varepsilon}_{\mathrm{e}} - \Delta\boldsymbol{\varepsilon}_{\mathrm{tr}} + \Lambda\dfrac{\partial f}{\partial\boldsymbol{\sigma}} = r_1(\Delta\boldsymbol{\varepsilon}_{\mathrm{e}}, \bar{p}'_{\mathrm{x}}, R, \Lambda) = 0 \\ r_2 = \bar{p}'_{\mathrm{x}} - \bar{p}'_{\mathrm{x}(n)} - \Delta\bar{p}'_{\mathrm{x}}(\Delta\boldsymbol{\varepsilon}_{\mathrm{e}}, \bar{p}'_{\mathrm{x}}) = 0 \\ r_3 = R - R_n - \Delta R(\Delta\boldsymbol{\varepsilon}_{\mathrm{e}}, R) = 0 \\ r_4 = f(\Delta\boldsymbol{\varepsilon}_{\mathrm{e}}, \bar{p}'_{\mathrm{x}}, R) = 0 \end{cases} \tag{4-42}$$

式(4-42)线性化后得到

$$\begin{bmatrix} \boldsymbol{I}+\Lambda \dfrac{\partial^2 f}{\partial \boldsymbol{\sigma}\,\partial \boldsymbol{\sigma}}:\dfrac{\partial \boldsymbol{\sigma}}{\partial \boldsymbol{\varepsilon}_e} & 0 & 0 & \dfrac{\partial f}{\partial \sigma} \\ -\dfrac{\partial \Delta \bar{p}'_x}{\partial \boldsymbol{\varepsilon}_e} & 1-\dfrac{\partial \Delta \bar{p}'_x}{\partial \bar{p}'_x} & 0 & 0 \\ -\dfrac{\partial \Delta R}{\partial \boldsymbol{\varepsilon}_e} & 0 & 1-\dfrac{\partial \Delta R}{\partial R} & 0 \\ \dfrac{\partial f}{\partial \boldsymbol{\sigma}}:\dfrac{\partial \boldsymbol{\sigma}}{\partial \boldsymbol{\varepsilon}_e} & \dfrac{\partial f}{\partial \bar{p}'_x} & \dfrac{\partial f}{\partial R} & 0 \end{bmatrix} \begin{bmatrix} \delta \Delta \boldsymbol{\varepsilon}_e \\ \delta \bar{p}'_x \\ \delta R \\ \delta \Lambda \end{bmatrix} = -\begin{bmatrix} r_{1(k)} \\ r_{2(k)} \\ r_{3(k)} \\ r_{4(k)} \end{bmatrix} \tag{4-43}$$

式中，$\boldsymbol{I}$ 为四阶对称单位张量，$r_{1(k)}$，$r_{2(k)}$，$r_{3(k)}$，$r_{4(k)}$ 分别为方程组迭代求解 k 次后的残值。对式(4－43)求解，可求得未知量第 k 迭代步的增量，再对未知量进行更新。

$$\begin{cases} \Delta \boldsymbol{\varepsilon}_e = \Delta \boldsymbol{\varepsilon}_{e(k)} + \delta \Delta \boldsymbol{\varepsilon}_e \\ \bar{p}'_x = \bar{p}'_{x(k)} + \delta \bar{p}'_x \\ R = R_{(k)} + \delta R \\ \Lambda = \Lambda_{(k)} + \delta \Lambda \end{cases} \tag{4-44}$$

将更新后的值代入式(4－43)中继续迭代计算，直至残值小于容许误差后停止计算，即可得到未知量 $\Delta \boldsymbol{\varepsilon}_e$，$\bar{p}'_{x(n+1)}$，$R_{(n+1)}$ 和 Λ 的值。

4.4.2 一致切线模量

隐式积分算法采用一致切线模量代替显式积分算法的连续弹塑性模量，对于非饱和土，一致切线模量根据定义可表示为

$$\boldsymbol{D}_{ep} = \frac{\partial \boldsymbol{\sigma}}{\partial \Delta \boldsymbol{\varepsilon}_{tr}} = \frac{\partial \boldsymbol{\sigma}}{\partial \Delta \boldsymbol{\varepsilon}_e} : \frac{\partial \Delta \boldsymbol{\varepsilon}_e}{\partial \Delta \boldsymbol{\varepsilon}_{tr}} = \boldsymbol{D}_e : \frac{\partial \Delta \boldsymbol{\varepsilon}_e}{\partial \Delta \boldsymbol{\varepsilon}_{tr}} \tag{4-45}$$

$$\boldsymbol{W}_{ep} = \frac{\partial \boldsymbol{\sigma}}{\partial s} = \frac{\partial \boldsymbol{\sigma}}{\partial \Delta \boldsymbol{\varepsilon}_e} : \frac{\partial \Delta \boldsymbol{\varepsilon}_e}{\partial s} = \boldsymbol{D}_e : \frac{\partial \Delta \boldsymbol{\varepsilon}_e}{\partial s} \tag{4-46}$$

式(4－45)可通过求式(4－37)关于 $\Delta \boldsymbol{\varepsilon}_{tr}$ 的偏微分得到

$$\begin{aligned} \frac{\partial \Delta \boldsymbol{\varepsilon}_e}{\partial \Delta \boldsymbol{\varepsilon}_{tr}} &= \boldsymbol{I} - \Lambda \frac{\partial^2 f}{\partial \boldsymbol{\sigma}\,\partial \Delta \boldsymbol{\varepsilon}_{tr}} - \frac{\partial f}{\partial \boldsymbol{\sigma}} \otimes \frac{\partial \Lambda}{\partial \Delta \boldsymbol{\varepsilon}_{tr}} \\ &= \boldsymbol{I} - \Lambda \frac{\partial^2 f}{\partial \boldsymbol{\sigma}\,\partial \boldsymbol{\sigma}} : \boldsymbol{D}_e : \frac{\partial \Delta \boldsymbol{\varepsilon}_e}{\partial \Delta \boldsymbol{\varepsilon}_{tr}} - \frac{\partial f}{\partial \boldsymbol{\sigma}} \otimes \frac{\partial \Lambda}{\partial \Delta \boldsymbol{\varepsilon}_{tr}} \end{aligned} \tag{4-47}$$

将式(4－47)整理后可得

$$\frac{\partial\Delta\boldsymbol{\varepsilon}_{e}}{\partial\Delta\boldsymbol{\varepsilon}_{tr}}=\mathbf{A}^{-1}:\left(\boldsymbol{I}-\frac{\partial f}{\partial\boldsymbol{\sigma}}\otimes\frac{\partial\Lambda}{\partial\Delta\boldsymbol{\varepsilon}_{tr}}\right) \tag{4-48}$$

其中

$$\mathbf{A}=\boldsymbol{I}+\Lambda\frac{\partial^{2}f}{\partial\boldsymbol{\sigma}\partial\boldsymbol{\sigma}}:\mathbf{D}_{e} \tag{3-49}$$

分别求式(4－40)和式(4－41)关于$\Delta\boldsymbol{\varepsilon}_{tr}$的偏微分，可得

$$\frac{\partial\bar{p}'_{x}}{\partial\Delta\boldsymbol{\varepsilon}_{tr}}=\frac{\partial\Delta\bar{p}'_{x}}{\partial\Delta\boldsymbol{\varepsilon}_{e}}:\frac{\partial\Delta\boldsymbol{\varepsilon}_{e}}{\partial\Delta\boldsymbol{\varepsilon}_{tr}}+\frac{\partial\Delta\bar{p}'_{x}}{\partial\bar{p}'_{x}}\frac{\partial\bar{p}'_{x}}{\partial\Delta\boldsymbol{\varepsilon}_{tr}}+\frac{\partial\Delta\bar{p}'_{x}}{\partial\Delta\boldsymbol{\varepsilon}_{tr}} \tag{4-50}$$

$$\frac{\partial R}{\partial\Delta\boldsymbol{\varepsilon}_{tr}}=\frac{\partial\Delta R}{\partial\Delta\boldsymbol{\varepsilon}_{e}}:\frac{\partial\Delta\boldsymbol{\varepsilon}_{e}}{\partial\Delta\boldsymbol{\varepsilon}_{tr}}+\frac{\partial\Delta R}{\partial R}\frac{\partial R}{\partial\Delta\boldsymbol{\varepsilon}_{tr}}+\frac{\partial\Delta R}{\partial\sigma}:\frac{\partial\sigma}{\partial\Delta\boldsymbol{\varepsilon}_{e}}:\frac{\partial\Delta\boldsymbol{\varepsilon}_{e}}{\partial\Delta\boldsymbol{\varepsilon}_{tr}}+\frac{\partial\Delta R}{\partial\Delta\boldsymbol{\varepsilon}_{tr}} \tag{4-51}$$

式(4－50)和式(4－51)整理后可得

$$\frac{\partial\bar{p}'_{x}}{\partial\Delta\boldsymbol{\varepsilon}_{tr}}=a^{-1}\left(\frac{\partial\Delta\bar{p}'_{x}}{\partial\Delta\boldsymbol{\varepsilon}_{e}}:\frac{\partial\Delta\boldsymbol{\varepsilon}_{e}}{\partial\Delta\boldsymbol{\varepsilon}_{tr}}+\frac{\partial\Delta\bar{p}'_{x}}{\partial\Delta\boldsymbol{\varepsilon}_{tr}}\right) \tag{4-52}$$

$$\frac{\partial R}{\partial\Delta\boldsymbol{\varepsilon}_{tr}}=b^{-1}\left[\left(\frac{\partial\Delta R}{\partial\Delta\boldsymbol{\varepsilon}_{e}}+\frac{\partial\Delta R}{\partial\boldsymbol{\sigma}}:\frac{\partial\boldsymbol{\sigma}}{\partial\Delta\boldsymbol{\varepsilon}_{e}}\right):\frac{\partial\Delta\boldsymbol{\varepsilon}_{e}}{\partial\Delta\boldsymbol{\varepsilon}_{tr}}+\frac{\partial\Delta R}{\partial\Delta\boldsymbol{\varepsilon}_{tr}}\right] \tag{4-53}$$

式中，$a=1-\frac{\partial\Delta\bar{p}'_{x}}{\partial\bar{p}'_{x}}$；$b=1-\frac{\partial\Delta R}{\partial R}$。求式(4－6)关于$\Delta\boldsymbol{\varepsilon}_{tr}$的偏微分，可得

$$\frac{\partial f}{\partial\boldsymbol{\sigma}}:\frac{\partial\boldsymbol{\sigma}}{\partial\Delta\boldsymbol{\varepsilon}_{e}}:\frac{\partial\Delta\boldsymbol{\varepsilon}_{e}}{\partial\Delta\boldsymbol{\varepsilon}_{tr}}+\frac{\partial f}{\partial\bar{p}'_{x}}\frac{\partial\bar{p}'_{x}}{\partial\Delta\boldsymbol{\varepsilon}_{tr}}+\frac{\partial f}{\partial R}\frac{\partial R}{\partial\Delta\boldsymbol{\varepsilon}_{tr}}=0 \tag{4-54}$$

将式(4－52)和式(4－53)带入式(4－54)，经整理后可得

$$\boldsymbol{a}:\frac{\partial\Delta\boldsymbol{\varepsilon}_{e}}{\partial\Delta\boldsymbol{\varepsilon}_{tr}}+\boldsymbol{b}=0 \tag{4-55}$$

式(4－55)中，

$$\boldsymbol{a}=\frac{\partial f}{\partial\boldsymbol{\sigma}}:\frac{\partial\boldsymbol{\sigma}}{\partial\Delta\boldsymbol{\varepsilon}_{e}}+a^{-1}\frac{\partial f}{\partial\bar{p}'_{x}}\frac{\partial\Delta\bar{p}'_{x}}{\partial\Delta\boldsymbol{\varepsilon}_{e}}+b^{-1}\frac{\partial f}{\partial R}\left(\frac{\partial\Delta R}{\partial\Delta\boldsymbol{\varepsilon}_{e}}+\frac{\partial\Delta R}{\partial\boldsymbol{\sigma}}:\mathbf{D}_{e}\right) \tag{4-56}$$

$$\boldsymbol{b}=a^{-1}\frac{\partial f}{\partial\bar{p}'_{x}}\frac{\partial\Delta\bar{p}'_{x}}{\partial\Delta\boldsymbol{\varepsilon}_{tr}}+b^{-1}\frac{\partial f}{\partial R}\frac{\partial\Delta R}{\partial\Delta\boldsymbol{\varepsilon}_{tr}} \tag{4-57}$$

将式(4－48)带入式(4－55)可得

$$\frac{\partial \Lambda}{\partial \Delta \boldsymbol{\varepsilon}_{\mathrm{tr}}} = c^{-1}(\boldsymbol{a} : \mathbf{A}^{-1} + \boldsymbol{b}) \tag{4-58}$$

式(4－58)中，

$$c = \boldsymbol{a} : \mathbf{A}^{-1} : \frac{\partial f}{\partial \boldsymbol{\sigma}} \tag{4-59}$$

式(4－46)可通过求式(4－37)关于 $\Delta\boldsymbol{\varepsilon}_{\mathrm{tr}}$ 的偏微分得到

$$\begin{aligned}\frac{\partial \Delta \boldsymbol{\varepsilon}_{\mathrm{e}}}{\partial s} &= \frac{\partial \Delta \boldsymbol{\varepsilon}_{\mathrm{tr}}}{\partial s} - \Lambda \frac{\partial^2 f}{\partial \boldsymbol{\sigma}\, \partial s} - \frac{\partial f}{\partial \boldsymbol{\sigma}} \otimes \frac{\partial \Lambda}{\partial s} \\ &= -\Lambda \frac{\partial^2 f}{\partial \boldsymbol{\sigma}\, \partial \boldsymbol{\sigma}} : \boldsymbol{D}_{\mathrm{e}} : \frac{\partial \Delta \boldsymbol{\varepsilon}_{\mathrm{e}}}{\partial s} - \frac{\partial f}{\partial \boldsymbol{\sigma}} \otimes \frac{\partial \Lambda}{\partial s}\end{aligned} \tag{4-60}$$

将式(4－60)整理后可得

$$\frac{\partial \Delta \boldsymbol{\varepsilon}_{\mathrm{e}}}{\partial s} = -\mathbf{A}^{-1} : \frac{\partial f}{\partial \boldsymbol{\sigma}} \frac{\partial \Lambda}{\partial s} \tag{4-61}$$

分别对式(4－40)和式(4－41)求关于 s 的偏微分，可得

$$\frac{\partial \bar{p}'_{\mathrm{x}}}{\partial s} = \frac{\partial \Delta \bar{p}'_{\mathrm{x}}}{\partial \Delta \boldsymbol{\varepsilon}_{\mathrm{e}}} : \frac{\partial \Delta \boldsymbol{\varepsilon}_{\mathrm{e}}}{\partial \Delta s} + \frac{\partial \Delta \bar{p}'_{\mathrm{x}}}{\partial \bar{p}'_{\mathrm{x}}} \frac{\partial \bar{p}'_{\mathrm{x}}}{\partial s} + \frac{\partial \Delta \bar{p}'_{\mathrm{x}}}{\partial s} \tag{4-62}$$

$$\frac{\partial R}{\partial s} = \frac{\partial \Delta R}{\partial \Delta \boldsymbol{\varepsilon}_{\mathrm{e}}} : \frac{\partial \Delta \boldsymbol{\varepsilon}_{\mathrm{e}}}{\partial s} + \frac{\partial \Delta R}{\partial R} \frac{\partial R}{\partial s} + \frac{\partial \Delta R}{\partial \boldsymbol{\sigma}} : \frac{\partial \boldsymbol{\sigma}}{\partial \Delta \boldsymbol{\varepsilon}_{\mathrm{e}}} : \frac{\partial \Delta \boldsymbol{\varepsilon}_{\mathrm{e}}}{\partial s} \tag{4-63}$$

式(4－62)和式(4－63)整理后可得

$$\frac{\partial \bar{p}'_{\mathrm{x}}}{\partial \Delta s} = a^{-1}\left(\frac{\partial \Delta \bar{p}'_{\mathrm{x}}}{\partial \Delta \boldsymbol{\varepsilon}_{\mathrm{e}}} : \frac{\partial \Delta \boldsymbol{\varepsilon}_{\mathrm{e}}}{\partial s} + \frac{\partial \Delta \bar{p}'_{\mathrm{x}}}{\partial s}\right) \tag{4-64}$$

$$\frac{\partial R}{\partial \Delta \boldsymbol{\varepsilon}_{\mathrm{tr}}} = b^{-1}\left(\frac{\partial \Delta R}{\partial \Delta \boldsymbol{\varepsilon}_{\mathrm{e}}} + \frac{\partial \Delta R}{\partial \boldsymbol{\sigma}} : \frac{\partial \boldsymbol{\sigma}}{\partial \Delta \boldsymbol{\varepsilon}_{\mathrm{e}}}\right) : \frac{\partial \Delta \boldsymbol{\varepsilon}_{\mathrm{e}}}{\partial s} \tag{4-65}$$

对式(4－6)求关于 $\Delta\boldsymbol{\varepsilon}_{\mathrm{tr}}$ 的偏导，可得

$$\frac{\partial f}{\partial \boldsymbol{\sigma}} : \frac{\partial \boldsymbol{\sigma}}{\partial \Delta \boldsymbol{\varepsilon}_{\mathrm{e}}} : \frac{\partial \Delta \boldsymbol{\varepsilon}_{\mathrm{e}}}{\partial \Delta s} + \frac{\partial f}{\partial \bar{p}'_{\mathrm{x}}} \frac{\partial \bar{p}'_{\mathrm{x}}}{\partial s} + \frac{\partial f}{\partial R} \frac{\partial R}{\partial s} = 0 \tag{4-66}$$

将式(4－52)和式(4－53)带入式(4－54)后，经整理后可得

$$\boldsymbol{a} : \frac{\partial \Delta \boldsymbol{\varepsilon}_{\mathrm{e}}}{\partial s} + d = 0 \tag{4-67}$$

式中，$d=a^{-1}\dfrac{\partial f}{\partial \bar{p}'_{\mathrm{x}}}\dfrac{\partial \Delta \bar{p}'_{\mathrm{x}}}{\partial s}$，将式(4-61)代入式(4-55)后，经整理后可得

$$\frac{\partial \Delta \boldsymbol{\varepsilon}_{\mathrm{e}}}{\partial s}=c^{-1}d \tag{4-68}$$

将式(4-48)、式(4-58)、式(4-61)和式(4-68)分别代入式(4-45)和式(4-46)，经整理得到非饱和土的一致切线模量：

$$\boldsymbol{D}_{\mathrm{ep}}=\boldsymbol{D}_{\mathrm{e}}:\boldsymbol{A}^{-1}:\left[\boldsymbol{I}-c^{-1}\frac{\partial f}{\partial \boldsymbol{\sigma}}\otimes(\boldsymbol{a}:\boldsymbol{A}^{-1}+\boldsymbol{b})\right] \tag{4-69}$$

$$\boldsymbol{W}_{\mathrm{ep}}=-\boldsymbol{D}_{\mathrm{e}}:\boldsymbol{A}^{-1}:\frac{\partial f}{\partial \boldsymbol{\sigma}}c^{-1}d \tag{4-70}$$

至此，水力-力学耦合的超固结非饱和土本构关系的一致切线模量推导完毕。

4.4.3 隐式积分算法验证

上文推导了水力-力学耦合的超固结非饱和土本构模型的隐式积分算法，采用 Sun 等[164] 对超固结非饱和土进行的等压压缩试验的数据对该算法进行验证，模型需要的材料参数见表 4-2，超固结发展参数 θ 的值为 0.55。图 4-18 分别给出了孔隙比与饱和度的试验结果和模型预测结果，在加载过程中，模型预测得到的平均净应力和孔隙比关系的曲线为连续光滑的非线性曲线，饱和度在加载过程中随着平均净应力的变大而升高。由图 4-18 可知模型的预测结果与试验结果较吻合，证明了本书推导的水力-力学耦合的超固结非饱和土本构关系的隐式应力积分算法的正确性。

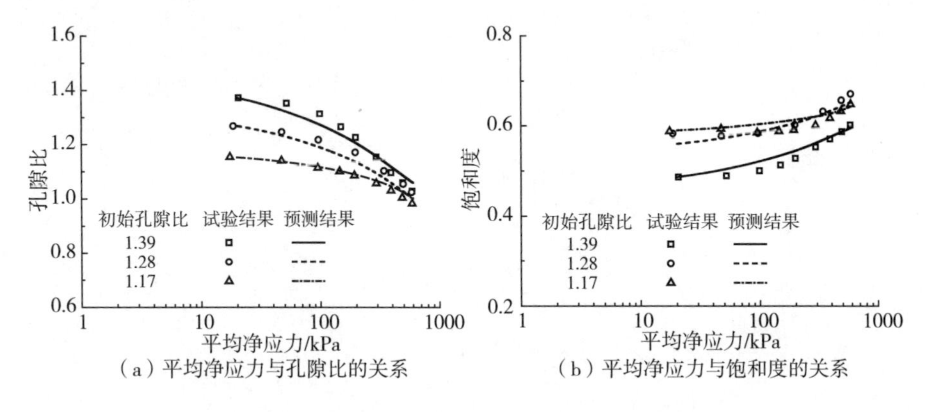

(a) 平均净应力与孔隙比的关系　　(b) 平均净应力与饱和度的关系

图 4-18　常吸力条件下超固结非饱和土等压压缩试验结果与模型计算结果对比

4.5 本章小结

本章通过引入下负荷面的理论将正常固结的非饱和土本构关系拓展为水力-力学耦合的超固结非饱和土的本构关系，并给出了该本构关系的隐式积分算法和一致切线模量。该模型通过超固结系数控制下负荷面与正常屈服面之间的相对位置，描述应力历史对非饱和土力学性质的影响。扩展的超固结非饱和土的本构模型与原模型相比只增加了一个参数，该参数可方便地通过压缩试验或剪切试验数据校核得到。该模型能够描述超固结非饱和土的许多特性，如超固结非饱和土的应变硬化和应变软化现象，以及剪胀和剪缩特性，也能够考虑饱和度对超固结非饱和土力学性质的影响。最后本章详细验证了该模型预测超固结非饱和土压缩特性、湿陷特性和剪切特性的能力，通过模型预测结果与文献中试验结果的对比，验证了该模型的有效性。

5　饱和度恒定的非饱和土压缩试验

5.1　引　　言

轴平移技术[26]的提出使得在实验室中可方便地控制试样的基质吸力，学者们通过控制试样的基质吸力对非饱和土的力学性质展开了详细的研究：林鸿州等[205]测定了不同基质吸力条件下不同土质的非饱和土的抗剪强度，总结了基质吸力与试样抗剪强度之间的关系；戚国庆和黄润秋[206]使用吸力控制式的三轴仪研究了基质吸力对非饱和土体变的影响，总结了基质吸力和围压对非饱和土体积模量的影响；Geiser 等[207]研究了基质吸力对非饱和土力学性质的影响。将非饱和土的试验现象加以归纳总结是建立非饱和土本构关系的基本途径，轴平移技术[26]的提出和双变量理论[21]的发展极大地促进了非饱和土本构模型的研究进展，非饱和土本构模型基本采用净应力和基质吸力作为本构模型的基本变量，这与实验室中可以方便地控制净应力和基质吸力的试验条件相符。非饱和土是固相、液相和气相组成的三相混合物，力学性质和水力特性相互耦合共同决定了非饱和土的宏观性质，采用净应力和基质吸力作为基本的本构变量容易低估饱和度对非饱和土性质的影响。

建立水力-力学耦合的非饱和土本构模型是非饱和土理论发展的需要。轴平移技术[26]的提出为观测基质吸力恒定条件下的非饱和土的力学性质提供了有利的条件，文献中已有大量的基质吸力恒定条件下非饱和土的试验数据，但在饱和度恒定条件下的非饱和土的试验数据却鲜有发表。这是由于在现阶段的技术水平下，可以对基质吸力进行全过程的精确控制，但由于非饱和土体积的改变会对饱和度产生影响，所以现在仍无法对饱和度进行全过程的精确控制。研究饱和度恒定条件下的非饱和土的力学特性可加深对非饱和土的水力-力学耦合性质的理解，为建立水力-力学耦合的非饱和土的本构模型提供新的思路。特别的，本书第3章提出的水力-力学耦合的本构模型得到一个重要推论，即饱和度恒定的条件下非饱和土的压缩曲线与饱和土的压缩曲线平行，该推论还需要试验数据进行验证。笔者通过一定的技术手段对非饱和土进行了饱和度恒定的一维压缩试验，研究非饱和土的水力-力学耦合效应。

5.2 试验条件

5.2.1 试验设备

试验设备采用美国GCTS公司生产的Fredlund SWCC土水特征曲线仪(如图5-1所示)，该装置可以在不同的应力路径下控制试样的基质吸力，其主要由压力容器、压力控制面板和加载架等组成。在试验开始时，将试样放入压力容器

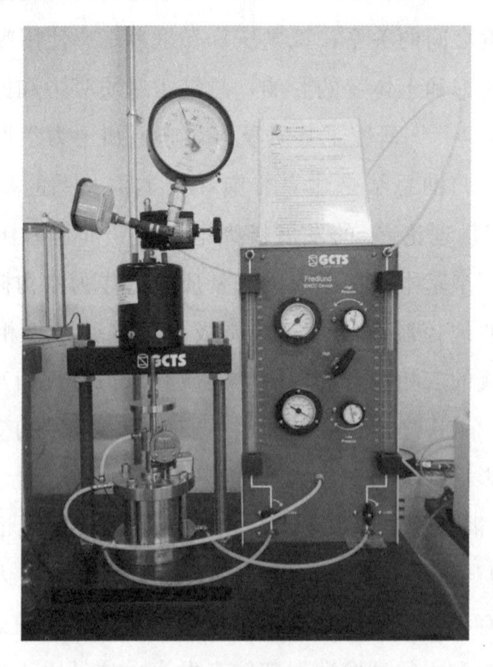

图5-1 Fredlund SWCC土水特征曲线仪

中，采用气缸对试样施加竖向荷载，加载活塞的摩擦力可通过气动加载架进行补偿，通过压力控制面板控制试样的基质吸力，并测量试验过程中试样的排水。该装置具有以下特点：一是可对试样施加垂直应力，并测量试验过程中试样发生的体变；二是试样在基质吸力平衡时可通过水体变管测量试样的排水量，无需将试样从压力容器中移出，减少试样的扰动；三是可通过加热装置避免水蒸气在压力容器内凝结，提高排水体积测量的准确性。

使用轴平移技术平衡试样的基质吸力时，需要在压力容器中施加气压力，部分空气会由于压力容器中气压的升高溶解于试样的孔隙水中，试样中的孔隙水在基质吸力平衡过程中透过高进气值陶土板的微孔隙到达陶土板底部，这时原本溶解于水中的空气会由于气压的突然减小而析出积聚于陶土板的底部，使得试验中测量得到的排水量偏大，产生测量误差。为提高试验的测量精度需要减小积聚于陶土板底部的空气对试验产生的影响，该装置在陶土板底部设置了两条排水通道(如图 5 - 2 所示)，在试验进行一段时间后，同时打开阀 A 和阀 B，用吸球对陶土板底部冲刷，排出积聚在陶土板底部的空气，以提高试验的测量精度。

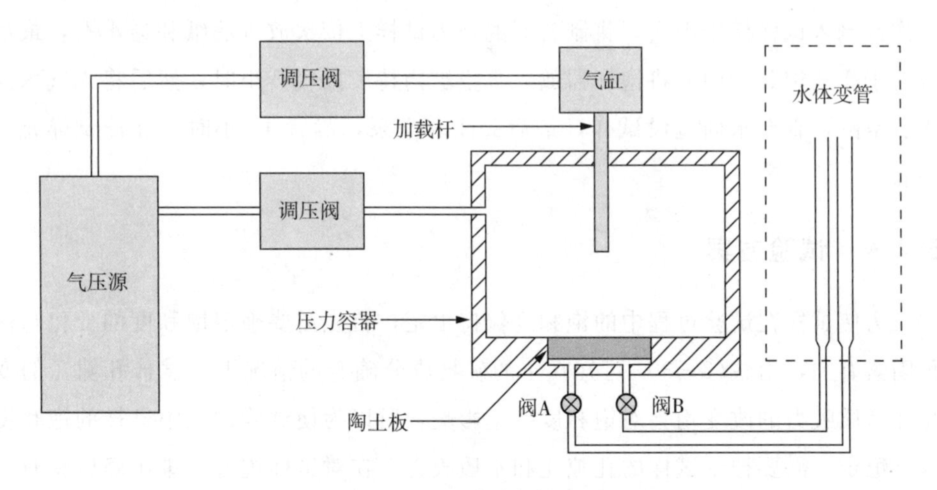

图 5 - 2　试验设备构造图

非饱和土试验需要耗费很长的时间，试样排出的孔隙水会不断从水体变管中蒸发，若不对蒸发的排水量进行监测，则会对试验测量结果的准确度产生影响。使用 Fredlund SWCC 装置进行非饱和土的试验时，可关闭排水阀 A，打开排水阀 B，记录水体变管 A 中的初始读数和试验结束时的读数，由于管 A 和管 B 的内径相同，所以试验结束时管A中水的蒸发量即为管B中水的蒸发量，将管B中测量得到的排水量加上蒸发量就可得到试样最终的排水质量。

5.2.2 土的基本性质

试验中所用的土来自大连市毛营子地区，土的天然含水率 w 为4.5%，最大干密度 ρ_{dmax} 为1.79 g/cm³，液限 w_L 和塑限 w_p 分别为24.0%和11.9%，塑性指数 I_p 为12.1%，通过X光衍射试验对土的主要矿物成分进行确定，土的主要矿物成分为石英、长石、云母和伊利石。根据土的统一分类标准[208]，试验所用的土属于低塑限粉质黏土。

5.2.3 试样制备方法

将土料风干碾碎后过0.5 mm筛，加水配制成初始含水率 w_0 为12.5%的土料，然后放入保鲜袋静置24小时，保证土料中的水分均匀分布。采用击实法制作环刀试样，试样的直径为61.8 mm，高度为20.0 mm，根据目标试样要求的干密度和孔隙比计算单个试样所需的土料质量，将土料质量精确到0.01 g，然后一次性倒入试样模中击实，将制备好的环刀试样上依次放置滤纸和透水石，最后放置于叠式饱和器中。将饱和器放入真空缸内持续抽气2小时，然后将无气水注入真空缸，直至水面淹没试样，最后关闭真空泵，静置12小时，保证试样充分饱和。

5.2.4 试验方案

为使试样在试验过程中的饱和度保持恒定，首先需要确定饱和度的变化与何种因素有关，由式(3-30)可知在土的矿物成分确定的情况下，试样孔隙比的变化和基质吸力的改变均会对饱和度产生影响，所以为使试验过程中试样的饱和度保持恒定，需要控制试样的孔隙比和基质吸力。在对试样进行一维压缩试验时，试样的孔隙比减小，饱和度增大，所以需要增大试样的基质吸力抵消孔隙比减小对饱和度的影响。本次试验共分为三组：第一组用于测定非饱和土的土水特征曲线；第二组用于测定基质吸力恒定条件下的非饱和土的压缩性质，通过该组试验数据可得到基质吸力恒定的条件下非饱和土的饱和度与孔隙比的关系；第三组试样用于研究饱和度恒定条件下的非饱和土的力学性质。试验方案和试样的初始状态如表 5-1 所示。

表 5-1 试样的参数

试验分组	试样编号	初始孔隙比	饱和含水率	试验目的
第一组	A-1	0.680	25.6%	测定试样的土水特征曲线
	A-2	0.675	25.5%	
第二组	B-1	0.665	25.2%	基质吸力恒定的压缩试验，测定基质吸力恒定条件下饱和度与孔隙比的关系
	B-2	0.663	24.6%	
	B-3	0.668	25.2%	
	B-4	0.679	25.6%	
	B-5	0.668	25.3%	
第三组	C-1	0.662	24.7%	饱和度恒定条件下的压缩试验
	C-2	0.669	24.8%	
	C-3	0.663	25.2%	
	C-4	0.681	25.5%	

5.3 粉质黏土的土水特征曲线

5.3.1 试验方法

为确定基质吸力与饱和度的关系，需要测定试样的土水特征曲线，试样选用 A-1 和 A-2 两个环刀样，试验设备采用美国 Soilmoisture 公司生产的 1250 型体积压力板仪，该装置采用轴平移技术通过控制试样的孔隙气压和孔隙水压达到目标基质吸力，由于孔隙水压力恒定为零，所以仅需控制气压即可达到目标基质吸力。在使用该装置前先对陶土板进行饱和，再放入试样进行基质吸力平衡，为减小试样和外界空气的接触，降低蒸发效应，在各级基质吸力下先平衡 5 天后再使用 Sartorius 精密天平称量，称量精度为0.01 g，试样的基质吸力平衡标准为 24 小时内失水量小于试样体积的 0.05%[169, 177]。试样在放回压力板仪之前先用细毛刷蘸取无气水轻刷陶土板，使陶土板表面覆盖一层水膜，保证试样放回后与陶土板充分接触。试样的体积含水率和饱和度可分别根据式(5－1) 和式(5－2) 计算得到。

$$\theta_{\mathrm{w}}=\frac{M_i-\rho_{\mathrm{d}}V}{V} \tag{5-1}$$

式中，M_i 为基质吸力平衡后试样的质量；V 为试样的体积。

$$S_{\mathrm{r}}=\frac{(1+e_0)(M_i-\rho_{\mathrm{d}}V)}{V\rho_{\mathrm{w}}e_0} \tag{5-2}$$

式中，e_0 为试样的初始孔隙比；ρ_{w} 为水的密度。

5.3.2 土水特征曲线

图 5－3 为试验中测得的大连地区粉质黏土的土水特征曲线，图 5－3(a) 是 A－1 试样和 A－2 试样基质吸力与体积含水率之间的关系，图 5－3(b) 是 A－1 试样和 A－2 试样基质吸力与饱和度之间的关系。由试验结果可知，两条测量得到的土水特征曲线形状相似，这是由于在土的矿物成分确定的情况下，土体的土水特征曲线主要由试样的孔隙结构控制，由于 A－1 和 A－2 两个试样的制样含水率相同，并且孔隙比也接近，故两个试样的孔隙结构也基本相同，所以两个试样的土水特征曲线的形态基本相似。

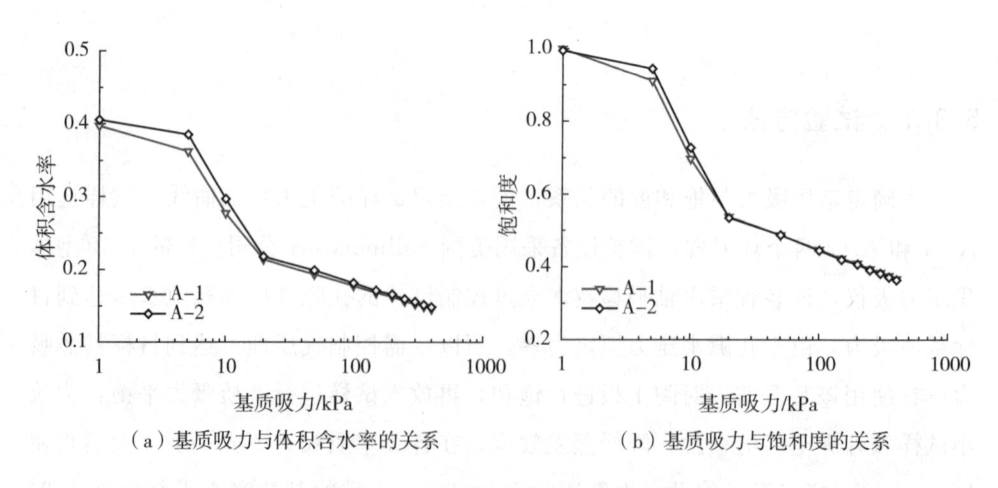

（a）基质吸力与体积含水率的关系　　（b）基质吸力与饱和度的关系

图 5－3　粉质黏土的土水特征曲线

5.4 粉质黏土的压缩特性

5.4.1 试验方法

将饱和后的试样放入 Fredlund SWCC 仪中，试样上依次放置有机玻璃板和金属板，在仪器安装完毕后关闭排水阀 A 打开排水阀 B，进行基质吸力平衡。B 组试样的基质吸力分别选取 0 kPa(饱和)，10 kPa，20 kPa，50 kPa，100 kPa，基质吸力平衡结束后，记录试样的排水量，计算饱和度，然后再施加竖向荷载。C 组试样的初始基质吸力分别选取 10 kPa，20 kPa，50 kPa，100 kPa，基质吸力平衡结束后记录试样的排水量，计算饱和度，在对试样施加竖向荷载前先用式(3-5) 对下一级竖向荷载施加结束后的孔隙比增量进行试算，再根据式(3-30) 计算需要施加的基质吸力，然后再对试样进行基质吸力平衡。为保证试样的饱和度在试验过程中相对稳定，将竖向荷载分为四个子步加载，当试样的下一级基质吸力平衡 24 小时后对试样进行竖向荷载的第一子步加载，当试样的下一级基质吸力平衡 48 小时后再对试样进行竖向荷载的第二子步加载，当下一级基质吸力完全平衡后对试样进行竖向荷载的第四子步加载，记录试样最后的排水量和体变。

5.4.2 基质吸力恒定条件下非饱和土的压缩试验

图 5-4 为 B 组试样在基质吸力恒定条件下的一维压缩试验结果。图 5-4(a) 为基质吸力恒定时非饱和粉质黏土的竖向骨架应力与孔隙比的关系，由试验结果可知，饱和粉质黏土试样的压缩曲线的斜率小于非饱和粉质黏土试样压缩曲线的斜率，四个非饱和土试样的压缩曲线在压缩过程中逐渐向饱和土的压缩曲线靠拢。图 5-4(b) 为孔隙比和饱和度的关系，在基质吸力恒定的条件下，饱和度与孔隙比呈线性分布，由该组试验结果可以得到在基质吸力恒定条件下饱和度与孔隙比之间的关系，并根据粉质黏土的土水特征曲线，通过同时控制试样的孔隙比和基质吸力达到控制试样饱和度的试验目的。

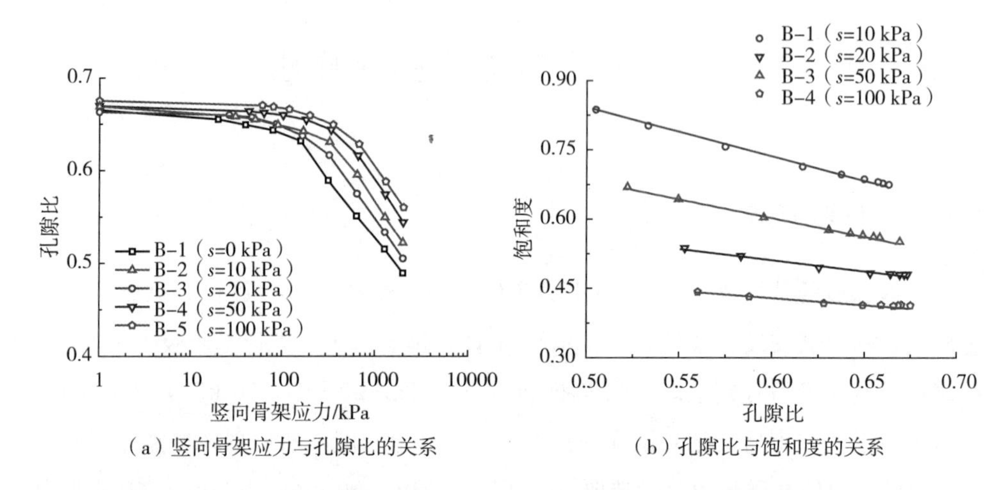

（a）竖向骨架应力与孔隙比的关系　　（b）孔隙比与饱和度的关系

图 5－4　基质吸力恒定的非饱和粉质黏土的压缩试验结果

5.4.3　饱和度恒定条件下非饱和土的压缩试验

由基质吸力恒定的 B 组试样的一维压缩试验结果可知，当试样的竖向荷载小于 160 kPa 时，试样处于弹性状态。由于非饱和土的试验周期较长，为节省试验时间，进行饱和度恒定的压缩试验时，在 C 组试样处于弹性状态时不控制试样的饱和度，即在弹性阶段时试样的基质吸力仍保持恒定，当试样进入弹塑性状态时再增加试样的基质吸力以控制试样的饱和度。图 5-5 所示为饱和度恒定条件下非

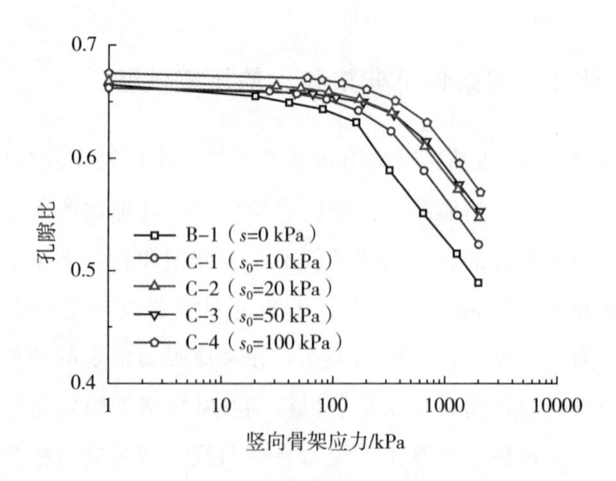

图 5－5　饱和度恒定的非饱和粉质黏土的压缩试验结果

饱和粉质黏土的一维压缩试验结果，各级荷载下试样的基质吸力与饱和度列于表5－2中，试样进入屈服后，饱和度的变化范围为±0.004以内，可认为饱和度基本恒定。试验结果表明，饱和度恒定时的非饱和土的压缩曲线与饱和土的压缩曲线平行，这与本书第3章提出的非饱和土本构关系给出的推论相符，该试验结果也从饱和度对硬化效应影响的角度对非饱和土体变特性的解释做出了验证。

表5－2 各级荷载下试样的基质吸力和饱和度

p_{ver}/kPa	C－1		C－2		C－3		C－4	
	s/kPa	S_r	s/kPa	S_r	s/kPa	S_r	s/kPa	S_r
20	10	0.682	20	0.533	50	0.498	100	0.384
40	10	0.683	20	0.534	50	0.499	100	0.384
80	10	0.685	20	0.536	50	0.500	100	0.385
160	11	0.683	20	0.539	50	0.502	100	0.387
320	12	0.687	26	0.546	55	0.502	100	0.389
640	14	0.682	33	0.546	78	0.489	126	0.388
1280	16	0.687	42	0.547	104	0.489	160	0.387
2000	17	0.689	49	0.549	125	0.484	188	0.387

5.5 饱和度对非饱和土硬化效应影响的讨论

由图5－4(a)可知在基质吸力平衡结束后，四个试样的初始硬化效应各不相同，试样的基质吸力越大其硬化效应也越大，该机理可通过图5－6进行说明。图5－6(a)是饱和土试样的土颗粒分布和孔隙水分布，试样中的孔隙被水充满，故相邻土颗粒间的接触点处无法形成可提高土骨架稳定性的收缩膜，饱和土试样对应的硬化效应为0。随着基质吸力的提高，充斥于试样孔隙内的水被排出，试样的饱和度降低，外部的空气开始进入试样的孔隙中，在相邻土颗粒间的气水交界面处形成收缩膜，如图5－6(b)所示，收缩膜可以提高土骨架的稳定性，所以试样的硬化效应随之升高。随着基质吸力的继续升高，由图5－3中试验结果可知试样的饱和度继续减小，试样内更多的孔隙水被排出，随着试样内孔隙水的继续减少，相邻土颗粒间形成的收缩膜的个数继续增多，如图5－6(c)所示，进一步提高了土骨架的稳定性，所以在相同的孔隙比条件下，基质吸力较大的试样能够承受更大的竖向荷载，其硬化效应也越明显。

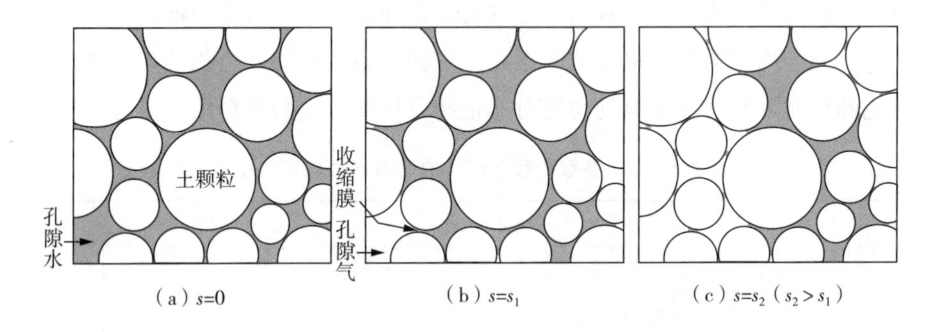

图 5－6　基质吸力升高过程中非饱和土试样的水力特征

由图 5－4 中基质吸力恒定的非饱和土压缩试验结果可知，在压缩过程中四个非饱和土试样的硬化效应都出现衰减现象，该现象可通过图 5－7 进行解释。四个试样在压缩过程中孔隙比减小，试样的饱和度增大，这表示在压缩过程中，孔隙中的部分孔隙水由于孔隙的减小被挤出原来的孔隙，这部分被挤出的孔隙水重新占据由于基质吸力升高而被孔隙气所占据的孔隙，如图 5－7 中阴影所示，试样内部收缩膜的个数减少，由于收缩膜的作用而提高的土骨架的稳定性开始衰退，试样的硬化效应在基质吸力恒定的压缩试验过程中降低，所以非饱和土的压缩曲线向饱和土的压缩曲线靠拢。

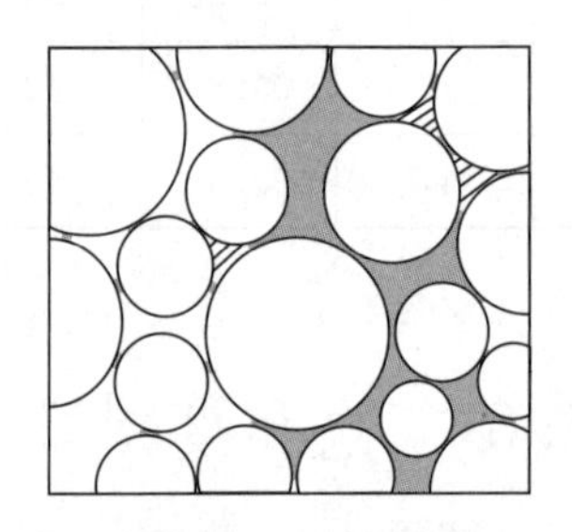

图 5－7　基质吸力恒定的压缩试验中的非饱和土试样的水力特征

由图 5－5 中饱和度恒定的非饱和土的压缩试验结果可知，四个非饱和土试样的压缩曲线与饱和土的压缩曲线平行，表示这四个试样的硬化效应在压缩过程中保持恒定。这是由于在试验过程中虽然试样的孔隙比减小了，但是试样的饱和度保持恒定，所以试样孔隙内的水分分布不会出现较大的变化，故试样内部收缩膜的个数不会增加或减少，由于收缩膜的作用而提高的土骨架的稳定性也不会发生变化，所以非饱和土的压缩曲线在饱和度恒定的条件下与饱和土的压缩曲线平行。

将B组试样和C组试样的饱和度与硬化效应的试验数据整理后绘制于半对数坐标系中，如图5-8所示，饱和度与硬化效应在半对数坐标系中呈线性关系，这与本书第3章采用的线性关系吻合。该直线延长后与x轴有一个交点，该交点可从两个方面来理解：由线性拟合的结果可知当饱和度约为1时，该直线与x轴相交，非饱和土的硬化效应变为0，这与本书提出的非饱和土的硬化效应的定义相符；若对非饱和土进行基质吸力恒定的压缩试验，试样的饱和度会随着孔隙比的减小而升高，试样的硬化效应逐渐减小，当硬化效应减小为0时，虽然试样的基质吸力仍然存在，但该试样的压缩曲线与饱和土的压缩曲线重合，这时该试样的力学性质将与饱和土的力学性质相同。

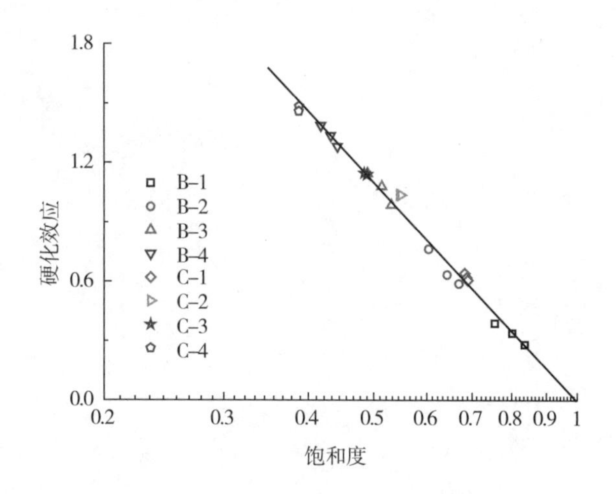

图5-8　饱和度与硬化效应的关系

5.6　本章小结

非饱和土的复杂性质与水力-力学耦合效应相关，研究水力-力学耦合作用对建立非饱和土本构关系具有重要的意义。本章对非饱和土在饱和度恒定条件下的压缩特性进行了初步的探索。首先，测定了大连地区粉质黏土的土水特征曲线，随后对粉质黏土进行了基质吸力恒定条件下的压缩试验，根据这两组试样的试验结果，通过同时控制试样的孔隙比和基质吸力达到了控制试样饱和度的目的，对非饱和土进行了饱和度恒定条件下的一维压缩试验。试验结果表明：饱和度恒定条件下的非饱和土的压缩曲线与饱和土的压缩曲线平行，并且饱和度与硬化效应在半对数坐标系中呈线性关系。本章最后从饱和度对硬化效应影响的角度对该试验现象进行了详细的讨论，饱和度会影响非饱和土的硬化效应，硬化效应决定了非饱和土的体变特性。该试验结果也验证了本书第 3 章提出的水力-力学耦合的非饱和土本构关系的正确性。复杂应力路径下饱和度恒定的非饱和土的力学性质和水力特性还有待继续深入研究。

6　非饱和土固-液-气耦合的有限元数值算法及算例分析

上文推导了水力-力学耦合的非饱和土的本构关系，并采用文献中的试验数据验证了该模型的正确性。将本构模型应用于工程实践，分析实际工程中与非饱和土相关的问题还需要借助计算机和数值算法，有限元单元法的出现为工程师分析实际工程中出现的各种复杂问题提供了有效工具。1972 年，Biot[209] 基于孔隙介质理论，采用拉格朗日方法描述土骨架变形，采用欧拉方法描述孔隙水的运动，提出了水土二相耦合的有限元算法。近年来，有学者将孔隙介质理论由饱和土拓展至非饱和土领域，给出了非饱和土的有限元格式，对非饱和土进行了有限元分析[210-214]。本章基于孔隙介质理论推导了非饱和土固-液-气三相耦合的控制方程，采用有限单元法对控制方程进行离散，给出非饱和土三相耦合的有限元格式。最后采用该算法对土柱渗流、土质边坡稳定性和条形基础承载力进行有限元分析。

6.1　三相耦合控制方程

6.1.1　基本假设

孔隙介质理论采用体积分数描述某一时刻相同位置处的不同物质，基于孔隙介质理论作如下假设[215]：

(1) 在当前构型下空间位置 x 处可由各相物质 X_α 同时占据；

(2) 在空间位置 x 处考虑各相的相互作用。

为方便非饱和土的固-液-气耦合方程的推导，同时引入以下假设[214]：

(3) 温度恒定；

(4) 固相不可压缩；

(5) 液相、气相和固相之间无物质交换；

(6) 孔隙流体与固相的相对速度的物质时间导数与土骨架的加速度相比可忽略；

(7) 孔隙流体与固相的相对速度的移流项与土骨架的加速度相比可忽略。

在下文的推导中规定，应力和应变以拉为正，孔隙流体压力以压为正。

6.1.2 固-液-气耦合控制方程推导

(1) 各相的体积分数和表观密度

α 相的体积分数可定义为

$$n_\alpha(x,\ t)=\frac{\mathrm{d}v_\alpha}{\mathrm{d}v} \tag{6-1}$$

式中，$\mathrm{d}v_\alpha$ 为当前构型 α 相的体积，$\mathrm{d}v$ 为总体积，各相的表观密度定义为

$$\rho_{\mathrm{s}}=(1-n)\rho_{\mathrm{sR}}=n_{\mathrm{s}}\rho_{\mathrm{sR}} \tag{6-2}$$

$$\rho_{\mathrm{w}}=ns_{\mathrm{w}}\rho_{\mathrm{wR}}=n_{\mathrm{w}}\rho_{\mathrm{wR}} \tag{6-3}$$

$$\rho_{\mathrm{a}}=n(1-s_{\mathrm{w}})\rho_{\mathrm{aR}}=n_{\mathrm{a}}\rho_{\mathrm{aR}} \tag{6-4}$$

式中，ρ_{sR}，ρ_{wR}，ρ_{aR} 分别为固相、液相和气相的真实密度；n 为孔隙比；s_{w} 为饱和度；n_{s}，n_{w}，n_{a} 分别为各相的体积分数。各相的表观密度相加，即可得到三相混合物的密度：

$$\rho=\rho_{\mathrm{s}}+\rho_{\mathrm{w}}+\rho_{\mathrm{a}}=(1-n)\rho_{\mathrm{sR}}+n(s_{\mathrm{w}}\rho_{\mathrm{wR}}+s_{\mathrm{a}}\rho_{\mathrm{aR}}) \tag{6-5}$$

(2) 各相的运动

物质点 X_α 的空间描述采用下式表示：

$$\boldsymbol{x}=\varphi_\alpha(\boldsymbol{X}_\alpha,\ t) \tag{6-6}$$

求式(6-6)关于时间的导数即可得到物质点 $\boldsymbol{X}_\alpha$ 的速度 $\boldsymbol{v}_\alpha$：

$$\boldsymbol{v}_\alpha=\frac{\partial\boldsymbol{x}}{\partial t}=\frac{\varphi_\alpha(\boldsymbol{X}_\alpha,\ t)}{\partial t} \tag{6-7}$$

固相的加速度可通过对 $\boldsymbol{v}_s$ 求物质时间导数得到：

$$\boldsymbol{a}_s = \frac{D_s v_s}{Dt} = \frac{\partial \boldsymbol{v}_s}{\partial t} + (\mathrm{grad}\, \boldsymbol{v}_s)\boldsymbol{v}_s \tag{6-8}$$

同理可以得到孔隙流体的加速度：

$$\begin{aligned}\boldsymbol{a}_w &= \frac{D_w \boldsymbol{v}_w}{Dt} = \frac{\partial \boldsymbol{v}_w}{\partial t} + (\mathrm{grad}\, \boldsymbol{v}_w)\boldsymbol{v}_w \\ &= \frac{D_s \boldsymbol{v}_w}{Dt} - (\mathrm{grad}\, \boldsymbol{v}_w)(\boldsymbol{v}_w - \boldsymbol{v}_s) \\ &= \boldsymbol{a}_s + \frac{D_s \boldsymbol{v}_{ws}}{Dt} + [\mathrm{grad}(\boldsymbol{v}_s + \boldsymbol{v}_{ws})]\boldsymbol{v}_{ws}\end{aligned} \tag{6-9}$$

$$\boldsymbol{a}_a = \boldsymbol{a}_s + \frac{D_s \boldsymbol{v}_{as}}{Dt} + [\mathrm{grad}(\boldsymbol{v}_s + \boldsymbol{v}_{as})]\boldsymbol{v}_{as} \tag{6-10}$$

式中，$\boldsymbol{v}_{ws}$ 和 $\boldsymbol{v}_{as}$ 分别为孔隙水和孔隙气相对于土骨架的速度。

(3) 各相的守恒律

各相在当前构型下的质量守恒定律可表示为

$$\frac{D_\alpha \rho_\alpha}{Dt} + \rho_\alpha \mathrm{div}\, \boldsymbol{v}_\alpha = m_\alpha \tag{6-11}$$

式中，m_α 为 α 的质量交换。根据假设(5)，忽略孔隙流体与固相的质量交换，所以 m_s 为零，质量不会凭空消失也不会凭空增长，由于 $m_s=0$，所以对于孔隙流体满足如下关系：

$$m_a + m_w = 0 \tag{6-12}$$

各相在当前构型的动量守恒定律可表示为

$$\rho_\alpha \boldsymbol{a}_\alpha + m_\alpha \boldsymbol{v}_\alpha = \mathrm{div}\, \boldsymbol{\sigma}_\alpha + \rho_\alpha \boldsymbol{b}_\alpha + \hat{\boldsymbol{p}}_\alpha \tag{6-13}$$

式中，$\boldsymbol{\sigma}_\alpha$ 为柯西应力张量；$\boldsymbol{b}_\alpha$ 为重力加速度；$\hat{\boldsymbol{p}}_\alpha$ 为相互作用力。由力的平衡可知三相混合物满足如下关系：

$$\sum_{\alpha=1}^{3} \hat{\boldsymbol{p}}_\alpha = 1 \tag{6-14}$$

由式(6-14)可知固相对孔隙流体的相互作用力：

$$\hat{\boldsymbol{p}}_s = -(\hat{\boldsymbol{p}}_w + \hat{\boldsymbol{p}}_a) \tag{6-15}$$

根据热力学理论可知各相之间的相互作用力可采用下式表示[190, 215-216]：

$$\hat{\boldsymbol{p}}_{\mathrm{w}} = p_{\mathrm{w}}\mathrm{grad}(ns_{\mathrm{w}}) - \boldsymbol{\mu}_{\mathrm{w}} n_{\mathrm{w}} \boldsymbol{v}_{\mathrm{ws}} \tag{6-16}$$

$$\hat{\boldsymbol{p}}_{\mathrm{a}} = p_{\mathrm{a}}\mathrm{grad}(ns_{\mathrm{a}}) - \boldsymbol{\mu}_{\mathrm{a}} n_{\mathrm{a}} \boldsymbol{v}_{\mathrm{as}} \tag{6-17}$$

式中，p_{w} 为孔隙水压；p_{a} 为孔隙气压；$\boldsymbol{\mu}_{\mathrm{w}}$ 和 $\boldsymbol{\mu}_{\mathrm{a}}$ 为液相和气相的材料参数张量。不考虑液相和气相渗透的方向性，即认为是各相同性的，材料参数张量 $\boldsymbol{\mu}_{\mathrm{w}}$ 和 $\boldsymbol{\mu}_{\mathrm{a}}$ 可表示为

$$\boldsymbol{\mu}_{\mathrm{w}} = \frac{ns_{\mathrm{w}}\rho_{\mathrm{w}}g}{k_{\mathrm{ws}}}\boldsymbol{I} \tag{6-18}$$

$$\boldsymbol{\mu}_{\mathrm{a}} = \frac{ns_{\mathrm{a}}\rho_{\mathrm{a}}g}{k_{\mathrm{as}}}\boldsymbol{I} \tag{6-19}$$

（4）各相的表观应力张量

固相、液相和气相的表观应力张量可表示为

$$\boldsymbol{\sigma}_{\mathrm{s}} = \boldsymbol{\sigma}' - (1-n)(s_{\mathrm{w}}p_{\mathrm{w}} + s_{\mathrm{a}}p_{\mathrm{a}})\boldsymbol{I} = \boldsymbol{\sigma}' - (1-n)p_{\mathrm{f}}\boldsymbol{I} \tag{6-20}$$

$$\boldsymbol{\sigma}_{\mathrm{w}} = -ns_{\mathrm{w}}p_{\mathrm{w}}\boldsymbol{I} \tag{6-21}$$

$$\boldsymbol{\sigma}_{\mathrm{a}} = -ns_{\mathrm{a}}p_{\mathrm{a}}\boldsymbol{I} \tag{6-22}$$

式中，$\boldsymbol{\sigma}_{\mathrm{s}}$，$\boldsymbol{\sigma}_{\mathrm{w}}$，$\boldsymbol{\sigma}_{\mathrm{a}}$ 分别为固相、液相和气相的表观应力张量；$\boldsymbol{I}$ 为二阶单位张量；s_{w} 为饱和度，$s_{\mathrm{a}}=1-s_{\mathrm{w}}$；$p_{\mathrm{f}}$ 为平均流体压力。将式(6-20)、式(6-21) 和式(6-22) 相加得到总应力张量。

$$\boldsymbol{\sigma} = \boldsymbol{\sigma}' - p_{\mathrm{a}}\boldsymbol{I} + s_{\mathrm{w}}s\boldsymbol{I} \tag{6-23}$$

式中，s 为基质吸力。

（5）本构方程

在恒温条件下液相的本构关系可通过状态方程求关于固相的物质时间导数得到，液相的本构方程可表示为

$$\frac{\mathrm{D_s}\rho_{\mathrm{wR}}}{\mathrm{D}t} = \frac{\rho_{\mathrm{wR}}}{K_{\mathrm{w}}}\frac{\mathrm{D_s}p_{\mathrm{w}}}{\mathrm{D}t} \tag{6-24}$$

式中，K_{w} 为液相的压缩模量。相似地，孔隙气的本构关系也可通过相同的方法求解得到。

$$\frac{\mathrm{D_s}\rho_{\mathrm{aR}}}{\mathrm{D}t} = \frac{\rho_{\mathrm{a}}}{K_{\mathrm{a}}}\frac{\mathrm{D_s}p_{\mathrm{a}}}{\mathrm{D}t} = \frac{1}{\Theta R}\frac{\mathrm{D_s}p_{\mathrm{a}}}{\mathrm{D}t} \tag{6-25}$$

式中，K_a 为气相的压缩模量；Θ 和 $\bar{R}$ 分别为绝对温度和气体常数。由式(4-34)可知土骨架的本构关系的增量形式为

$$\mathrm{d}\boldsymbol{\sigma}' = \boldsymbol{E}_{\mathrm{ep}}\mathrm{d}\boldsymbol{\varepsilon} + \boldsymbol{W}_{\mathrm{ep}}\mathrm{d}s_{\mathrm{w}} \tag{6-26}$$

（6）土水特征曲线

在恒温条件下饱和度的变化率可表示为

$$\frac{\mathrm{D}_{\mathrm{s}} s_{\mathrm{w}}}{\mathrm{D}t} = \frac{\partial s_{\mathrm{w}}}{\partial s}\frac{\mathrm{D}_{\mathrm{s}} s}{\mathrm{D}t} = \frac{\partial s_{\mathrm{w}}}{\partial s}\frac{\mathrm{D}(p_{\mathrm{a}} - p_{\mathrm{w}})}{\mathrm{D}t} \tag{6-27}$$

式中，$\frac{\partial s_{\mathrm{w}}}{\partial s}$ 为土水特征曲线的斜率，可采用 Van Genuchten 模型[103] 描述，脱湿曲线的斜率为

$$\frac{\partial s_{\mathrm{w}}}{\partial s} = -n_{\mathrm{d}} S_{\mathrm{r0}}\left[1 + \left(\frac{s}{a_{\mathrm{d}}}\right)^{m_{\mathrm{d}}}\right]^{-n_{\mathrm{d}}-1}\frac{m_{\mathrm{d}}}{a_{\mathrm{d}}}\left(\frac{s}{a_{\mathrm{d}}}\right)^{m_{\mathrm{d}}-1} \tag{6-28}$$

吸湿曲线的斜率为

$$\frac{\partial s_{\mathrm{w}}}{\partial s} = -n_{\mathrm{w}} S_{\mathrm{r0}}\left[1 + \left(\frac{s}{a_{\mathrm{w}}}\right)^{m_{\mathrm{w}}}\right]^{-n_{\mathrm{w}}-1}\frac{m_{\mathrm{w}}}{a_{\mathrm{w}}}\left(\frac{s}{a_{\mathrm{w}}}\right)^{m_{\mathrm{w}}-1} \tag{6-29}$$

式中，a_{d}，m_{d}，n_{d} 分别为主脱湿曲线的拟合参数；a_{w}，m_{w}，n_{w} 分别为主吸湿曲线的拟合参数；S_{r0} 为基质吸力为0时的饱和度。假设孔隙水和孔隙气的渗透系数是有效饱和度的函数，则其表达式分别为

$$k_{\mathrm{ws}} = k_{\mathrm{sws}}(s_{\mathrm{ew}})^{\xi} \tag{6-30}$$

$$k_{\mathrm{as}} = k_{\mathrm{sas}}(1 - s_{\mathrm{ew}})^{\eta} \tag{6-31}$$

式中，k_{sws} 和 k_{sas} 分别为液相和气相的最大渗透系数；ξ 和 η 为材料参数。

（7）控制方程

由式(6-13)可知，混合物中各相的动量守恒方程为

$$\rho_{\mathrm{s}}\boldsymbol{a}_{\mathrm{s}} = \mathrm{div}\boldsymbol{\sigma}_{\mathrm{s}} + \rho_{\mathrm{s}}\boldsymbol{b}_{\mathrm{s}} + \hat{\boldsymbol{p}}_{\mathrm{s}} \tag{6-32}$$

$$\rho_{\mathrm{w}}\boldsymbol{a}_{\mathrm{w}} = \mathrm{div}\boldsymbol{\sigma}_{\mathrm{w}} + \rho_{\mathrm{w}}\boldsymbol{b}_{\mathrm{w}} + \hat{\boldsymbol{p}}_{\mathrm{w}} \tag{6-33}$$

$$\rho_{\mathrm{a}}\boldsymbol{a}_{\mathrm{a}} = \mathrm{div}\boldsymbol{\sigma}_{\mathrm{a}} + \rho_{\mathrm{a}}\boldsymbol{b}_{\mathrm{a}} + \hat{\boldsymbol{p}}_{\mathrm{a}} \tag{6-34}$$

将式(6-32)、式(6-33)和式(6-34)相加，整理后可得三相混合体的总动量平衡

方程：

$$\rho_s \boldsymbol{a}_s + \rho_w \boldsymbol{a}_w + \rho_a \boldsymbol{a}_a = \operatorname{div} \boldsymbol{\sigma} + \rho \boldsymbol{b} \tag{6-35}$$

将式(6-9)和式(6-10)代入式(6-34)，整理后得到

$$\rho \boldsymbol{a}_s + \rho_w \left\{ \frac{D_s \boldsymbol{v}_{ws}}{Dt} + [\operatorname{grad}(\boldsymbol{v}_s + \boldsymbol{v}_{ws})] \boldsymbol{v}_{ws} \right\}$$

$$+ \rho_a \left\{ \frac{D_s \boldsymbol{v}_{as}}{Dt} + [\operatorname{grad}(\boldsymbol{v}_s + \boldsymbol{v}_{as})] \boldsymbol{v}_{as} \right\} = \operatorname{div} \boldsymbol{\sigma} + \rho \boldsymbol{b} \tag{6-36}$$

根据假设(6)和假设(7)，忽略移流项的影响，对式(6-36)化简后得到

$$\rho \boldsymbol{a}_s = \operatorname{div} \boldsymbol{\sigma} + \rho \boldsymbol{b} = \operatorname{div}(\boldsymbol{\sigma}' - p_f \boldsymbol{I}) + \rho \boldsymbol{b} \tag{6-37}$$

将式(6-3)、式(6-9)、式(6-16)和式(6-21)代入式(6-33)可得液相的动量平衡方程：

$$n s_w \rho_{wR} \left\{ \boldsymbol{a}_s + \frac{D_s \boldsymbol{v}_{ws}}{Dt} + [\operatorname{grad}(\boldsymbol{v}_s + \boldsymbol{v}_{ws})] \boldsymbol{v}_{ws} \right\} = -n s_w \operatorname{grad} p_w + n s_w \rho_{wR} \left(\boldsymbol{b} - \frac{n s_w \boldsymbol{v}_{ws}}{k_{ws}} g \right) \tag{6-38}$$

由假设(6)和假设(7)，对式(6-38)化简后得到

$$n s_w \boldsymbol{v}_{ws} = \frac{k_{ws}}{\rho_{wR} g} [\rho_{wR} (\boldsymbol{b} - \boldsymbol{a}_s) - \operatorname{grad} p_w] \tag{6-39}$$

相似地，采用相同的方法可以得到气相的动量平衡方程：

$$n s_a \rho_{aR} \left\{ \boldsymbol{a}_s + \frac{D_s \boldsymbol{v}_{as}}{Dt} + [\operatorname{grad}(\boldsymbol{v}_s + \boldsymbol{v}_{as})] \boldsymbol{v}_{as} \right\} = -n s_a \operatorname{grad} p_a + n s_a \rho_{aR} \left(\boldsymbol{b} - \frac{n s_a \boldsymbol{v}_{as}}{k_{as}} g \right) \tag{6-40}$$

由假设(6)和假设(7)，对式(6-40)化简后得到

$$n s_a \boldsymbol{v}_{as} = \frac{k_{as}}{\rho_{aR} g} [\rho_{aR} (\boldsymbol{b} - \boldsymbol{a}_s) - \operatorname{grad} p_a] \tag{6-41}$$

将式(6-2)和式(6-3)分别代入式(6-11)，忽略液相和固相的质量交换，可以得到固相和液相的质量守恒方程：

$$\rho_{sR} \frac{D_s(1-n)}{Dt} + (1-n) \frac{D_s \rho_{sR}}{Dt} + (1-n) \rho_{sR} \operatorname{div} \boldsymbol{v}_s = 0 \tag{6-42}$$

$$s_{\mathrm{w}}\rho_{\mathrm{wR}}\frac{\mathrm{D}_{\mathrm{s}}n}{\mathrm{D}t}+n\rho_{\mathrm{wR}}\frac{\mathrm{D}_{\mathrm{s}}s_{\mathrm{w}}}{\mathrm{D}t}+ns_{\mathrm{w}}\frac{\mathrm{D}_{\mathrm{s}}\rho_{\mathrm{wR}}}{\mathrm{D}t}+ns_{\mathrm{w}}\rho_{\mathrm{wR}}\operatorname{div}\boldsymbol{v}_{\mathrm{s}}+\operatorname{div}(ns_{\mathrm{w}}\rho_{\mathrm{wR}}\boldsymbol{v}_{\mathrm{ws}})=0 \tag{6-43}$$

将式(6-39)代入式(6-40)，经整理可得液相的连续性方程：

$$\left(\frac{ns_{\mathrm{w}}\rho_{\mathrm{wR}}}{K_{\mathrm{w}}}-n\rho_{\mathrm{wR}}\frac{\partial s_{\mathrm{w}}}{\partial s}\right)\frac{\mathrm{D}_{\mathrm{s}}p_{\mathrm{w}}}{\mathrm{D}t}+n\rho_{\mathrm{wR}}\frac{\partial s_{\mathrm{w}}}{\partial s}\frac{\mathrm{D}_{\mathrm{s}}p_{\mathrm{a}}}{\mathrm{D}t}+s_{\mathrm{w}}\rho_{\mathrm{wR}}\operatorname{div}\boldsymbol{v}_{\mathrm{s}}+\operatorname{div}(ns_{\mathrm{w}}\rho_{\mathrm{wR}}\boldsymbol{v}_{\mathrm{ws}})=0 \tag{6-44}$$

将式(6-39)代入式(6-44)后，经整理得到液相的质量和动量守恒方程：

$$\begin{aligned}\left(\frac{ns_{\mathrm{w}}\rho_{\mathrm{wR}}}{K_{\mathrm{w}}}-n\rho_{\mathrm{wR}}\frac{\partial s_{\mathrm{w}}}{\partial s}\right)\frac{\mathrm{D}_{\mathrm{s}}p_{\mathrm{w}}}{\mathrm{D}t}+n\rho_{\mathrm{wR}}\frac{\partial s_{\mathrm{w}}}{\partial s}\frac{\mathrm{D}_{\mathrm{s}}p_{\mathrm{a}}}{\mathrm{D}t}+s_{\mathrm{w}}\rho_{\mathrm{wR}}\operatorname{div}\boldsymbol{v}_{\mathrm{s}}\\+\operatorname{div}\left[\frac{k_{\mathrm{ws}}}{g}(\rho_{\mathrm{wR}}\boldsymbol{b}-\operatorname{grad}p_{\mathrm{w}}-\rho_{\mathrm{wR}}\boldsymbol{a}_{\mathrm{s}})\right]=0\end{aligned} \tag{6-45}$$

将式(6-4)代入式(6-11)，得到气相的质量守恒方程：

$$s_{\mathrm{a}}\rho_{\mathrm{aR}}\frac{\mathrm{D}_{\mathrm{s}}n}{\mathrm{D}t}+n\rho_{\mathrm{aR}}\frac{\mathrm{D}_{\mathrm{s}}s_{\mathrm{w}}}{\mathrm{D}t}+ns_{\mathrm{a}}\frac{\mathrm{D}_{\mathrm{s}}\rho_{\mathrm{aR}}}{\mathrm{D}t}+ns_{\mathrm{a}}\rho_{\mathrm{aR}}\operatorname{div}\boldsymbol{v}_{\mathrm{s}}+\operatorname{div}(ns_{\mathrm{a}}\rho_{\mathrm{aR}}\boldsymbol{v}_{\mathrm{as}})=0 \tag{6-46}$$

将式(6-39)代入式(6-42)，经整理可得气相的连续性方程：

$$\left(\frac{ns_{\mathrm{a}}\rho_{\mathrm{aR}}}{K_{\mathrm{a}}}-n\rho_{\mathrm{aR}}\frac{\partial s_{\mathrm{w}}}{\partial s}\right)\frac{\mathrm{D}_{\mathrm{s}}p_{\mathrm{a}}}{\mathrm{D}t}+n\rho_{\mathrm{aR}}\frac{\partial s_{\mathrm{w}}}{\partial s}\frac{\mathrm{D}_{\mathrm{s}}p_{\mathrm{w}}}{\mathrm{D}t}+s_{\mathrm{a}}\rho_{\mathrm{aR}}\operatorname{div}\boldsymbol{v}_{\mathrm{s}}+\operatorname{div}(ns_{\mathrm{a}}\rho_{\mathrm{aR}}\boldsymbol{v}_{\mathrm{as}})=0 \tag{6-47}$$

将式(6-41)代入式(6-47)后，经整理得到气相的质量和动量守恒方程：

$$\begin{aligned}\left(\frac{ns_{\mathrm{a}}\rho_{\mathrm{aR}}}{K_{\mathrm{a}}}-n\rho_{\mathrm{aR}}\frac{\partial s_{\mathrm{w}}}{\partial s}\right)\frac{\mathrm{D}_{\mathrm{s}}p_{\mathrm{a}}}{\mathrm{D}t}+n\rho_{\mathrm{aR}}\frac{\partial s_{\mathrm{w}}}{\partial s}\frac{\mathrm{D}_{\mathrm{s}}p_{\mathrm{w}}}{\mathrm{D}t}+s_{\mathrm{a}}\rho_{\mathrm{aR}}\operatorname{div}\boldsymbol{v}_{\mathrm{s}}\\+\operatorname{div}\left[\frac{k_{\mathrm{as}}}{g}(\rho_{\mathrm{aR}}\boldsymbol{b}-\operatorname{grad}p_{\mathrm{a}}-\rho_{\mathrm{aR}}\boldsymbol{a}_{\mathrm{s}})\right]=0\end{aligned} \tag{6-48}$$

式(6-37)、式(6-45)和式(6-48)即为三相混合物的控制方程，将该方程离散后可得到三相耦合的非饱和土的有限元格式。

6.2 有限元计算格式

6.2.1 控制方程的弱形式

在当前构型下，对于区域 B 其边界 ∂B 上的边界条件为

$$\boldsymbol{u}_{\mathrm{s}}=\bar{\boldsymbol{u}}_{\mathrm{s}} \tag{6-49}$$

$$\boldsymbol{\sigma}\boldsymbol{n}=(\boldsymbol{\sigma}'-p_{\mathrm{f}}\boldsymbol{I})\boldsymbol{n}=\bar{\boldsymbol{t}} \tag{6-50}$$

$$p_{\mathrm{w}}=\bar{p}_{\mathrm{w}} \tag{6-51}$$

$$p_{\mathrm{a}}=\bar{p}_{\mathrm{a}} \tag{6-52}$$

$$ns_{\mathrm{w}}\rho_{\mathrm{wR}}\boldsymbol{v}_{\mathrm{ws}}\cdot\boldsymbol{n}=\boldsymbol{q}_{\mathrm{w}}\cdot\boldsymbol{n}=\bar{q}_{\mathrm{w}} \tag{6-53}$$

$$ns_{\mathrm{a}}\rho_{\mathrm{aR}}\boldsymbol{v}_{\mathrm{as}}\cdot\boldsymbol{n}=\boldsymbol{q}_{\mathrm{a}}\cdot\boldsymbol{n}=\bar{q}_{\mathrm{a}} \tag{6-54}$$

式中，$\bar{\boldsymbol{u}}_{\mathrm{s}}$ 为固相位移，$\bar{\boldsymbol{t}}$ 为表面力，$\bar{q}_{\mathrm{w}}$ 和 $\bar{q}_{\mathrm{a}}$ 分别为固相和液相的流量。

将式(6－37)乘以任意试函数 $\delta\boldsymbol{v}_{\mathrm{s}}$ 后积分得到

$$\delta w_{\mathrm{vs}}=\int_{B_{\mathrm{s}}}(\rho\delta\boldsymbol{v}_{\mathrm{s}}\cdot\boldsymbol{a}_{\mathrm{s}}-\rho\delta\boldsymbol{v}_{\mathrm{s}}\cdot\boldsymbol{b})\mathrm{d}v-\int_{\partial B_{\mathrm{s}}}\delta\boldsymbol{v}_{\mathrm{s}}\cdot(\boldsymbol{\sigma}'-p_{\mathrm{f}}\boldsymbol{I})n\mathrm{d}a$$
$$+\int_{B_{\mathrm{s}}}\mathrm{grad}\,\delta\boldsymbol{v}_{\mathrm{s}}:(\boldsymbol{\sigma}'-p_{\mathrm{f}}\boldsymbol{I})\mathrm{d}v=0 \tag{6-55}$$

将式(6－50)乘以任意试函数 $\delta\boldsymbol{v}_{\mathrm{s}}$ 后积分得到

$$\delta w_{\mathrm{as}}=\int_{\partial B_{\mathrm{s}}}\delta\boldsymbol{v}_{\mathrm{s}}\cdot[(\boldsymbol{\sigma}'-p_{\mathrm{f}}\boldsymbol{I})\boldsymbol{n}-\bar{\boldsymbol{t}}]\mathrm{d}a=0 \tag{6-56}$$

将式(6－55)和式(6－56)相加可得固相的动量守恒方程在当前构型的弱形式：

$$\delta w_{\mathrm{s}}=\int_{B_{\mathrm{s}}}\rho\delta\boldsymbol{v}_{\mathrm{s}}\cdot\boldsymbol{a}_{\mathrm{s}}\mathrm{d}v+\int_{B_{\mathrm{s}}}\delta\boldsymbol{d}_{\mathrm{s}}:\boldsymbol{\sigma}'\mathrm{d}v-\int_{B_{\mathrm{s}}}p_{\mathrm{f}}\mathrm{div}\,\delta\boldsymbol{v}_{\mathrm{s}}\mathrm{d}v$$
$$-\int_{B_{\mathrm{s}}}\rho\delta\boldsymbol{v}_{\mathrm{s}}\cdot\boldsymbol{b}\mathrm{d}v-\int_{\partial B_{\mathrm{s}}}\delta\boldsymbol{v}_{\mathrm{s}}\cdot\bar{\boldsymbol{t}}\mathrm{d}a=0 \tag{6-57}$$

将式(6－45)乘以任意试函数 δp_{w} 后积分得到

$$\delta w_{\mathrm{vw}}=\int_{B_{\mathrm{s}}}\delta p_{\mathrm{w}}\left[\left(\frac{ns_{\mathrm{w}}\rho_{\mathrm{wR}}}{K_{\mathrm{w}}}-n\rho_{\mathrm{wR}}\frac{\partial s_{\mathrm{w}}}{\partial s}\right)\frac{\mathrm{D}_{\mathrm{s}}p_{\mathrm{w}}}{\mathrm{D}t}+n\rho_{\mathrm{wR}}\frac{\partial s_{\mathrm{w}}}{\partial s}\frac{\mathrm{D}_{\mathrm{s}}p_{\mathrm{a}}}{\mathrm{D}t}+s_{\mathrm{w}}\rho_{\mathrm{wR}}\mathrm{div}\,\boldsymbol{v}_{\mathrm{s}}\right]\mathrm{d}v$$

$$-\int_{B_s}\text{grad}\,\delta p_w\left[\frac{k_{ws}}{g}(\rho_{wR}\boldsymbol{b}-\text{grad}\,p_w-\rho_{wR}\boldsymbol{a}_s)\right]dv+\int_{\partial B_s}\delta p_w\boldsymbol{q}_w\cdot\boldsymbol{n}da=0 \tag{6-58}$$

将式(6-53)乘以任意试函数 δp_w 后积分得到

$$\delta w_{aw}=\int_{\partial B_s}\delta p_w(\boldsymbol{q}_w\cdot\boldsymbol{n}-\bar{q}_w)da \tag{6-59}$$

将式(6-58)和式(6-59)相加可得液相的质量和动量守恒方程在当前构型的弱形式：

$$\begin{aligned}\delta w_w=&\int_{B_s}\delta p_w\left(\frac{ns_w\rho_{wR}}{K_w}-n\rho_{wR}\frac{\partial s_w}{\partial s}\right)\frac{D_s p_w}{Dt}dv+\int_{B_s}\delta p_w n\rho_{wR}\frac{\partial s_w}{\partial s}\frac{D_s p_a}{Dt}dv\\&-\int_{B_s}\text{grad}\,\delta p_w\left[\frac{k_{ws}}{g}(\rho_{wR}\boldsymbol{b}-\text{grad}\,p_w-\rho_{wR}\boldsymbol{a}_s)\right]\\&+\int_{B_s}\delta p_w s_w\rho_{wR}\text{div}\,\boldsymbol{v}_s dv+\int_{\partial B_s}\delta p_w\bar{q}_w da=0\end{aligned} \tag{6-60}$$

采用相同的方法可得到气相的质量和动量守恒方程在当前构型的弱形式：

$$\begin{aligned}\delta w_a=&\int_{B_s}\delta p_a\left(\frac{ns_a\rho_{aR}}{K_a}-n\rho_{aR}\frac{\partial s_w}{\partial s}\right)\frac{D_s p_a}{Dt}dv+\int_{B_s}\delta p_a n\rho_{aR}\frac{\partial s_w}{\partial s}\frac{D_s p_w}{Dt}dv\\&-\int_{B_s}\text{grad}\,\delta p_a\left[\frac{k_{as}}{g}(\rho_{aR}\boldsymbol{b}-\text{grad}\,p_a-\rho_{aR}\boldsymbol{a}_s)\right]\\&+\int_{B_s}\delta p_a s_a\rho_{aR}\text{div}\,\boldsymbol{v}_s dv+\int_{\partial B_s}\delta p_a\bar{q}_a da=0\end{aligned} \tag{6-61}$$

6.2.2 时间离散

在准静态分析中，固相位移、流体压力采用 Newmark 法可表示为

$$\boldsymbol{u}_s=\boldsymbol{u}_{s_t}+(1-\gamma)\Delta t\boldsymbol{v}_{s_t}+\gamma\Delta t\boldsymbol{v}_s \tag{6-62}$$

$$p_w=p_{w_t}+(1-\gamma)\Delta t\dot{p}_{w_t}+\gamma\Delta t\dot{p}_w \tag{6-63}$$

$$p_a=p_{a_t}+(1-\gamma)\Delta t\dot{p}_{a_t}+\gamma\Delta t\dot{p}_a \tag{6-64}$$

式中，γ 为数值参数。在动力分析中还需考虑加速度的影响，固相位移、固相速度、流体压力可分别表示为

$$\boldsymbol{u}_s=\boldsymbol{u}_{s_t}+\Delta t\boldsymbol{v}_{s_t}+0.5\Delta t^2(1-2\beta)\boldsymbol{a}_{s_t}+\beta\Delta t^2\boldsymbol{a}_s \tag{6-65}$$

$$\boldsymbol{v}_{\mathrm{s}} = \boldsymbol{v}_{\mathrm{s}_t} + (1-\gamma)\Delta t \boldsymbol{a}_{\mathrm{s}_t} + \gamma \Delta t \boldsymbol{a}_{\mathrm{s}} \tag{6-66}$$

$$p_{\mathrm{w}} = p_{\mathrm{w}_t} + \Delta t \dot{p}_{\mathrm{w}_t} + 0.5\Delta t^2 (1-2\beta)\ddot{p}_{\mathrm{w}_t} + \beta \Delta t^2 \ddot{p}_{\mathrm{w}} \tag{6-67}$$

$$\dot{p}_{\mathrm{w}} = p_{\mathrm{w}_t} + (1-\gamma)\Delta t \ddot{p}_{\mathrm{w}_t} + \gamma \Delta t \ddot{p}_{\mathrm{w}} \tag{6-68}$$

$$p_{\mathrm{a}} = p_{\mathrm{a}_t} + \Delta t \dot{p}_{\mathrm{a}_t} + 0.5\Delta t^2 (1-2\beta)\ddot{p}_{\mathrm{a}_t} + \beta \Delta t^2 \ddot{p}_{\mathrm{a}} \tag{6-69}$$

$$\dot{p}_{\mathrm{a}} = p_{\mathrm{a}_t} + (1-\gamma)\Delta t \ddot{p}_{\mathrm{a}_t} + \gamma \Delta t \ddot{p}_{\mathrm{a}} \tag{6-65}$$

式中，β 为数值参数。

6.2.3 控制方程的求解

在进行有限元分析前需要将连续体离散为有限个单元的集合，根据具体问题可选择合适的单元形式。对于单元内任意一点的固相位移、固相速度、固相加速度、液相压力和气相压力可分别表示为

$$\boldsymbol{u}_{\mathrm{s}} = \sum N_{\mathrm{s}_n} \boldsymbol{u}_{\mathrm{s}_n} \tag{6-66}$$

$$\boldsymbol{v}_{\mathrm{s}} = \sum N_{\mathrm{s}_n} \boldsymbol{v}_{\mathrm{s}_n} \tag{6-67}$$

$$\boldsymbol{a}_{\mathrm{s}} = \sum N_{\mathrm{s}_n} \boldsymbol{a}_{\mathrm{s}_n} \tag{6-68}$$

$$p_{\mathrm{w}} = \sum N_{\mathrm{f}_m} p_{\mathrm{w}_m} \tag{6-69}$$

$$p_{\mathrm{a}} = \sum N_{\mathrm{f}_m} p_{\mathrm{a}_m} \tag{6-70}$$

式中，N_{s_n} 和 N_{f_m} 分别为固相和孔隙流体的插值函数；$\boldsymbol{u}_{\mathrm{s}_n}$，$\boldsymbol{v}_{\mathrm{s}_n}$，$\boldsymbol{a}_{\mathrm{s}_n}$，$p_{\mathrm{w}_m}$，$p_{\mathrm{a}_m}$ 分别为单元节点上固相的位移、固相的速度、固相的加速度、液相的压力和气相的压力。控制方程的弱形式[式(6-58)、式(6-60)和式(6-61)]在当前构型下是关于 $\boldsymbol{a}_{\mathrm{s}}$，$\ddot{p}_{\mathrm{w}}$，$\ddot{p}_{\mathrm{a}}$ 的非线性方程组，采用 Newton - Raphson 方法对该方程组线性化后迭代求解，并对变量 $\boldsymbol{a}_{\mathrm{s}}$，$\ddot{p}_{\mathrm{w}}$，$\ddot{p}_{\mathrm{a}}$ 更新：

$$\boldsymbol{a}_{\mathrm{s}_{k+1}} = \boldsymbol{a}_{\mathrm{s}_k} + \delta \boldsymbol{a}_{\mathrm{s}} \tag{6-71}$$

$$\ddot{p}_{\mathrm{w}_{k+1}} = \ddot{p}_{\mathrm{w}_k} + \delta \ddot{p}_{\mathrm{w}} \tag{6-72}$$

$$\ddot{p}_{\mathrm{a}_{k+1}} = \ddot{p}_{\mathrm{a}_k} + \delta \ddot{p}_{\mathrm{a}} \tag{6-73}$$

直至收敛。

6.3 数值算例

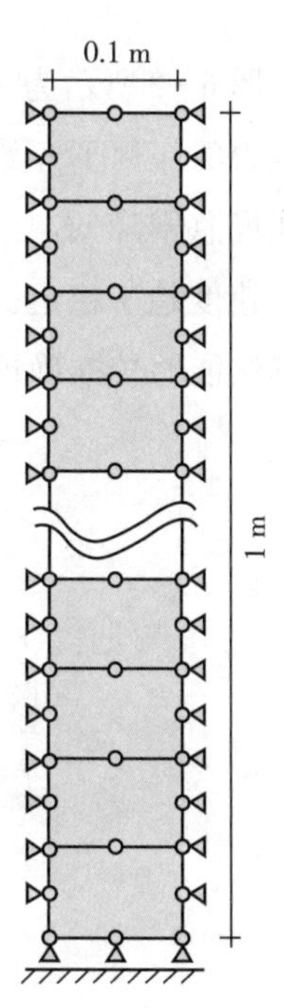

图 6-1 土柱的有限元模型

6.3.1 土柱渗流数值分析

首先使用该有限元算法对土柱渗流进行预测，验证该算法的正确性，Liakopoulos[217]采用 Del Monte 砂进行了一维土柱在重力下的渗流试验，本书采用该试验数据对算法进行验证。试验装置是高度为 1 m、直径为 0.1 m 的圆柱，将土料装入该装置中进行饱和，饱和完毕后打开圆柱装置底部的排水阀，圆柱顶部与大气连通，孔隙水在自重下渗流。土柱的有限元模型如图 6-1 所示，沿高度方向划分为 20 个单元，模型底部限制水平和竖向位移，侧壁节点限制水平方向的位移，因模型顶部和底部均与大气连通，故顶部和底部气压均设置为与大气压力相等。砂土的压缩指数 λ 和回弹系数 κ 分别为 0.05 和 0.012，与刘文化[52] 所使用的参数一致；由于缺少相关的试验数据，故水力系数 λ_{sr} 设为零，初始超固结比设为1，材料参数 θ 为0，即不考虑超固结的影响，模型中需要的其他参数与 Uzuoka 和 Borja[214] 所使用的相同，详细的参数列于表 6-1 中。时间步长设为1 s，共计算 18 000 步。

表 6-1 土柱渗流分析相关参数

材料参数	力学参数	水力特性参数
$\rho_{sR} = 2.72\ \mathrm{g/cm^3}$	$\lambda = 0.05$	$S_{r\,res} = 0.02$
$\rho_{wR} = 1.0\ \mathrm{g/cm^3}$	$\kappa = 0.012$	$S_{r0} = 1.0$
$\rho_{aR} = 1.23 \times 10^{-3}\ \mathrm{g/cm^3}$	$M = 1.0$	$a_d = 50$
$K_w = 1.0 \times 10^8\ \mathrm{kN/m^2}$	$a = -4.0$	$m_d = 1.5$
$1/\Theta\bar{R} = 1.23 \times 10^{-5}\ \mathrm{s^2/m^2}$	$b = 0.0$	$n_d = 1.03$
$k_{sws} = 4.5 \times 10^{-6}\ \mathrm{m/s}$	$\lambda_{sr} = 0.0$	$\xi = 3.5$
$k_{sas} = 3.0 \times 10^{-7}\ \mathrm{m/s}$	$\theta = 0.0$	$\eta = 0.333$

图6-2所示为土柱底部孔隙水的渗流速度试验数据与数值预测结果，孔隙水在重力的作用下开始渗流，在渗流开始时，渗流速度最大，随着渗流的进行，渗流速度急剧降低，当渗流进行到100 min时，渗流速度约为5.0×10^{-7} m/s，最后渗流速度趋于稳定。由图6-2中试验结果和数值预测结果之间的对比可知，该数值算法能够较准确地预测非饱和土中的渗流问题。

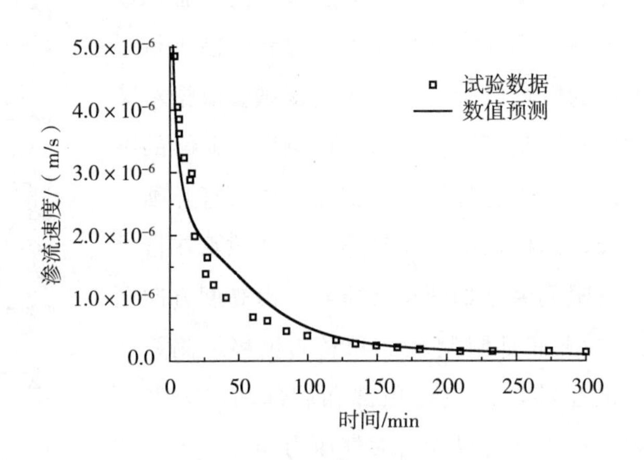

图6-2　渗流速度与时间的关系

图6-3所示为不同时刻孔隙水压、孔隙气压、基质吸力和饱和度在深度方向分布的数值计算结果。由图6-3(a)可知，在渗流0.5 h时，土柱顶部的孔隙水压为负，由于自重的作用，在土柱中部区域，孔隙水压为正，随着渗流时间的增加，整个土柱中的孔隙水压都变为负值，并且相同深度处的负孔隙水压随着渗流时间的增加而增大，最后负孔隙水压在深度方向呈线性分布。图6-3(b)为孔隙气压与深度的关系曲线，由于土柱顶部与大气连通，故土柱顶部的孔隙气压始终为0 kPa，而在土柱中部区域，孔隙气压出现负值，这是气体的渗透系数较小，外界的大气无法及时进入土柱内补充孔隙水排出土体后留下的孔隙所致，相同深度处负孔隙气压随着渗流时间的增加先增大后减小。图6-3(c)为基质吸力与深度的关系曲线，土柱顶部的基质吸力最大并沿深度方向逐渐减小，呈非线性分布，并且相同深度处的基质吸力随着渗流时间的增加而变大。图6-3(d)为饱和度与深度的关系曲线，土柱顶部的饱和度最小并沿深度方向逐渐增大，呈非线性分布，并且在相同深度处的饱和度随渗流时间的增加而减小。

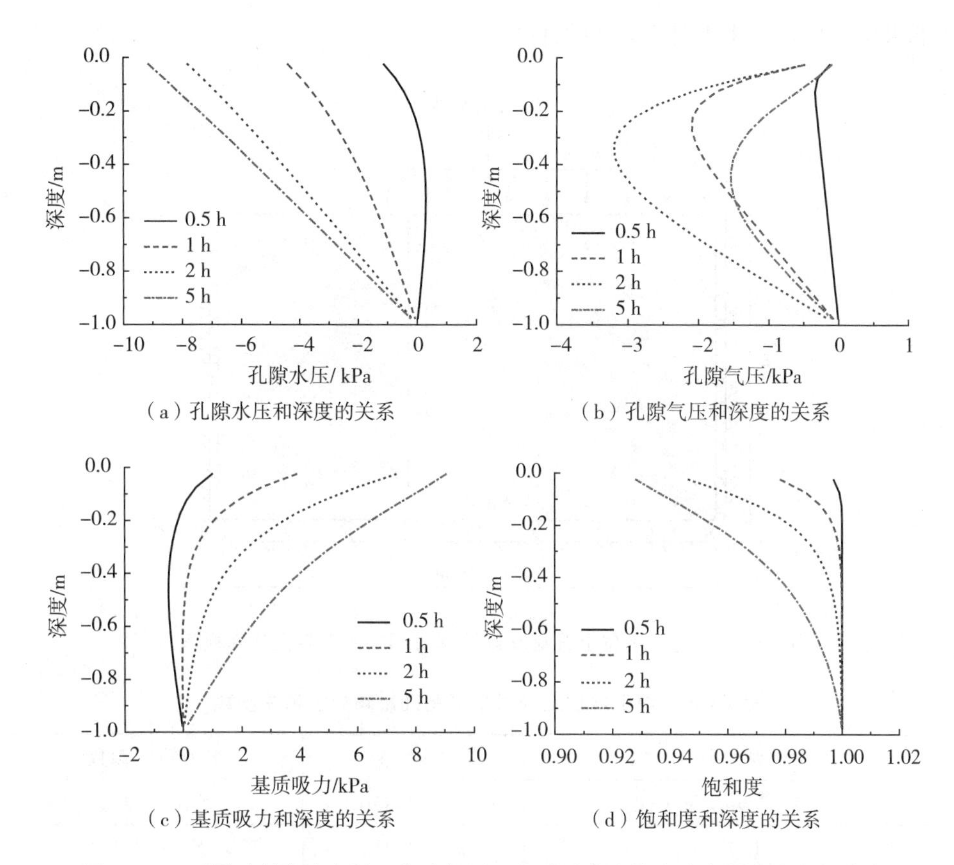

（a）孔隙水压和深度的关系

（b）孔隙气压和深度的关系

（c）基质吸力和深度的关系

（d）饱和度和深度的关系

图 6-3　不同时刻孔隙水压、孔隙气压、基质吸力和饱和度在深度方向的分布

6.3.2　地下水位上升对条形基础承载力的影响

下面采用本书的数值算法分析地下水位上升对条形基础承载力的影响：条形基础的埋深为 0.5 m，条形基础底部的宽度为 1 m，基础底部与地下水位的距离为7 m，条形基础对地基的荷载为60 kPa，地下水位由－7.5 m上升至－0.5 m，分析地下水位上升对条形基础承载力的影响。相应的有限元计算模型如图 6-4 所示，共划分为 280 个单元，为简化计算将条形基础底部上方 0.5 m 的上覆土层等效为相应的荷载作用于单元节点，模型左侧和右侧的单元节点限制水平方向的位移，模型底部的节点限制水平和竖直方向的位移。数值计算所需要的材料参数如表 6-2 所示。建立两个分析步计算地下水位上升对条形基础承载力的影响：第一步为地应力平衡步，获得初始状态的应力分布；第二步为地下水位上升分析步，

地下水位以恒定速率上升 7 m 后保持恒定。

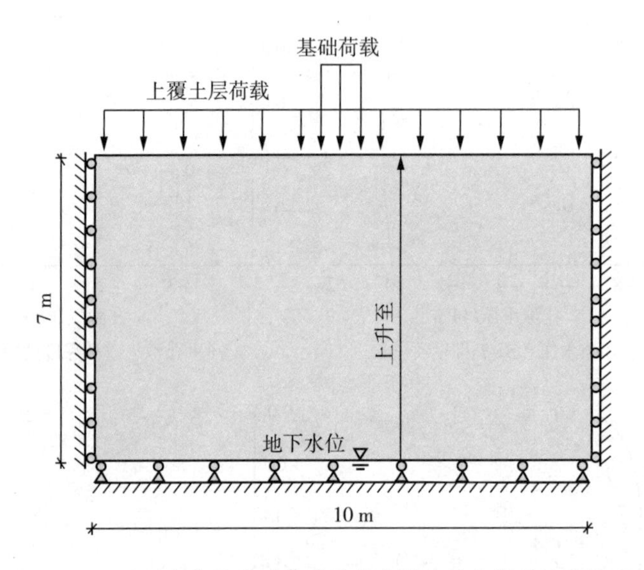

图 6-4　地下水位上升对基础承载力影响的有限元计算模型

表 6-2　地下水位上升对条形基础影响分析相关参数

材料参数	力学参数	水力特性参数
$\rho_{sR} = 2.65\ \text{g/cm}^3$	$\lambda = 0.05$	$S_{r\ res} = 0.2$
$\rho_{wR} = 1.0\ \text{g/cm}^3$	$\kappa = 0.012$	$S_{r0} = 1.0$
$\rho_{aR} = 1.23 \times 10^{-3}\ \text{g/cm}^3$	$M = 1.32$	$a_d = 5.0$
$K_w = 1.0 \times 10^8\ \text{kN/m}^2$	$a = -1.61$	$m_d = 6.5$
$1/\Theta\bar{R} = 1.23 \times 10^{-5}\ \text{s}^2/\text{m}^2$	$b = 0.0$	$n_d = 0.2$
$k_{sws} = 4.5 \times 10^{-6}\ \text{m/s}$	$\lambda_{sr} = 0.4$	$\xi = 3.5$
$k_{sas} = 3.0 \times 10^{-7}\ \text{m/s}$	$\theta = 0.55$	$\eta = 0.333$

图 6-5 为地下水位上升前和地下水位上升结束后基质吸力的云图。在地下水位上升前，基质吸力沿深度方向递减，如图 6-5(a) 所示；当地下水位上升结束后，整个土层中的基质吸力变为正孔隙水压力，如图 6-5(b) 所示。图 6-6 为地下水位上升前和地下水位上升结束后竖直方向的应力云图。图 6-6(a) 和图 6-6(b) 进行对比可知，由于地下水位的上升，土体中的基质吸力减小，地下水位上升后土体中的有效应力减小，若采用经典的饱和土理论计算条形基础的沉降，土体中应力减小会产生弹性回弹，而图 6-7(a) 的计算结果表明，虽然土体的应力减小了，基础反而

有 29.3 cm 的竖向沉降，这是由于水位上升，土体中饱和度的升高导致硬化效应降低，土体的屈服应力减小，地基的承载力降低，故在竖直方向产生了约 30 cm 的沉降。图 6-7(b) 为竖直方向的应变云图，最大竖向应变为 0.1。

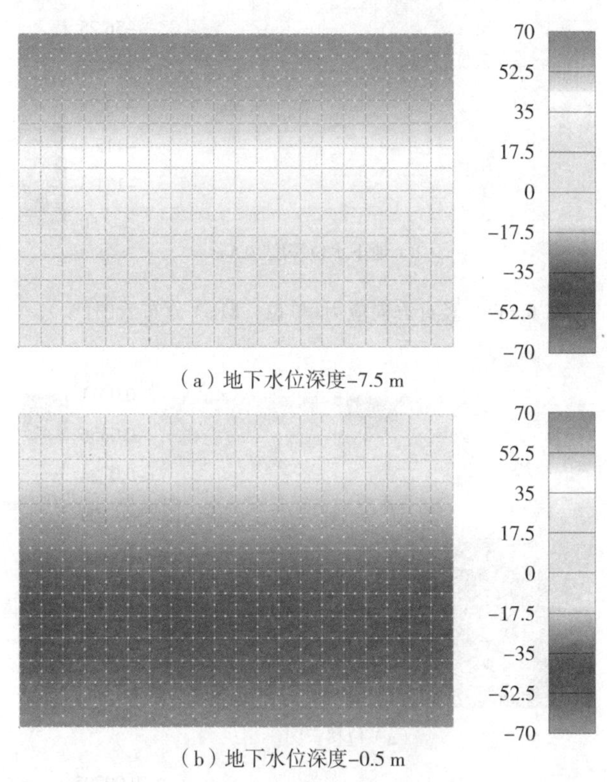

(a) 地下水位深度-7.5 m

(b) 地下水位深度-0.5 m

图 6-5　基质吸力(单位：kPa) 分布云图

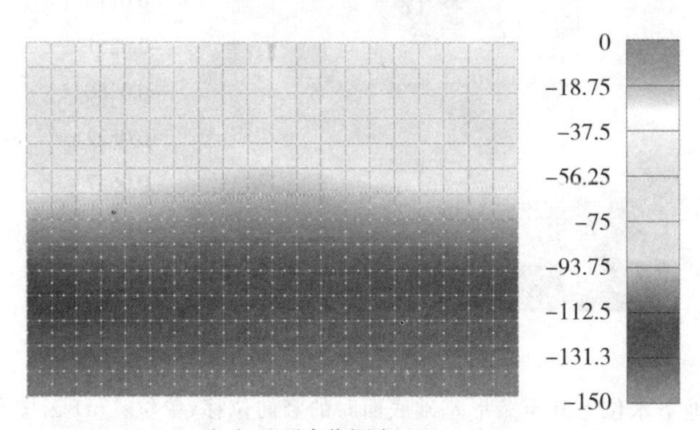

(a) 地下水位深度-7.5 m

图 6-6　竖直方向应力(单位：kPa) 分布云图

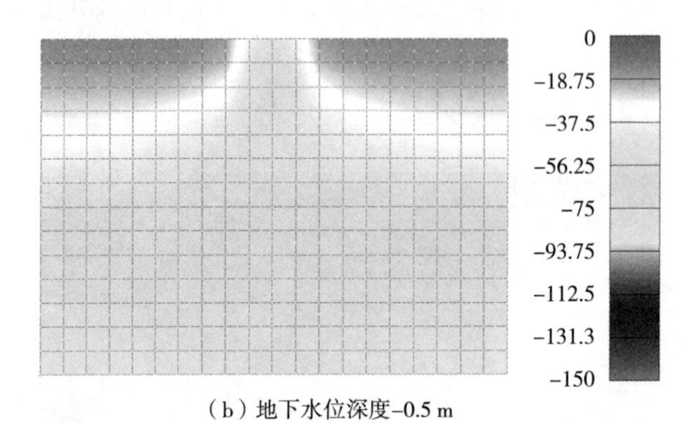

（b）地下水位深度-0.5 m

图 6-6　竖直方向应力(单位：kPa) 分布云图(续)

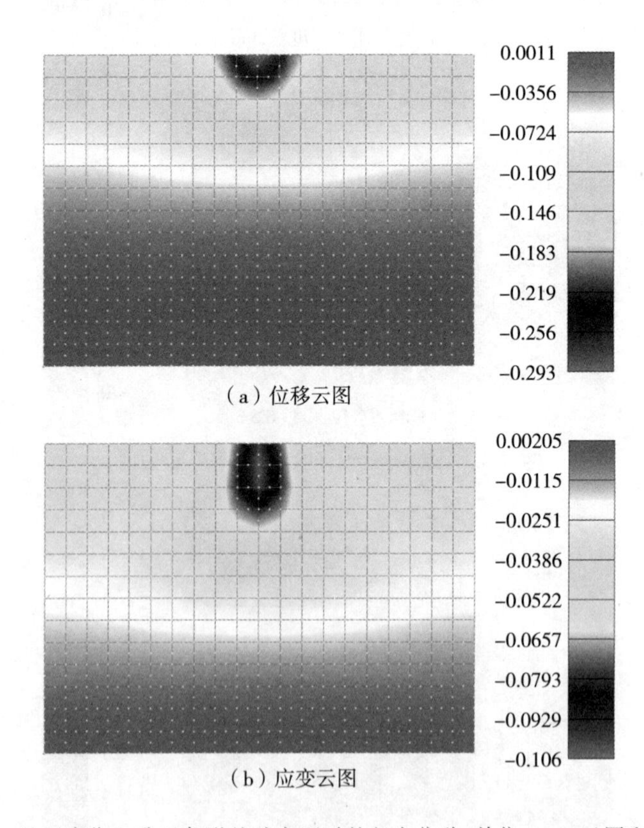

（a）位移云图

（b）应变云图

图 6-7　地下水位上升至条形基础底面时的竖向位移(单位：m) 云图和应变云图

图 6-8 所示为地下水位上升过程中基础沉降与地下水位之间的关系。在地下水位上升的初始阶段，基础沉降的速率最大，随着地下水位的升高，基础沉降的

速率逐渐减小，当地下水位上升至－3.5 m位置处时，地下水位对基础的沉降无显著影响，继续上升地下水位，基础发生微弱的回弹，这是由于在高饱和度时土中的应力由屈服面上漂移至屈服面内，表示土体处于弹性状态，又由于土中的应力降低，土体的应力路径为应力卸载，故地基发生弹性回弹。

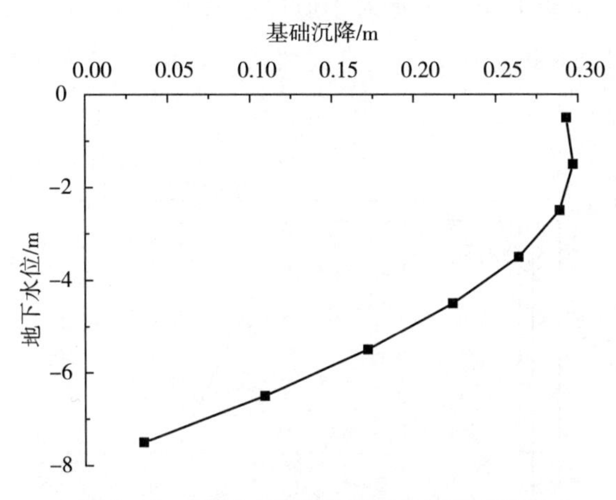

图 6-8　地下水位上升过程中的基础沉降

图 6-9 所示为地下水位上升至不同位置处时条形基础的荷载-沉降曲线。由数值计算的结果可知，地下水位的深度对基础的承载力有显著的影响，地下水位越高，条形基础的承载力越低。

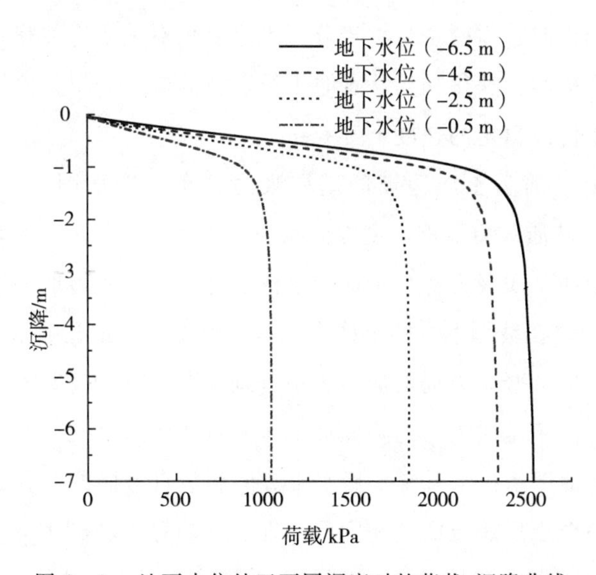

图 6-9　地下水位处于不同深度时的荷载-沉降曲线

6.3.3 地下水位上升对土质边坡的影响

下面采用本书的数值算法分析地下水位上升对土质边坡稳定性的影响：有限元模型的尺寸及边界条件由图 6-10 给出，模型采用的材料参数可见表 6-2，分析地下水位由 -5 m 上升至 0 m 后对土质边坡稳定性的影响，非饱和土质边坡的初始超固结比为 1.0，即边坡处于正常固结状态，模型共划分为 823 个单元，建立了 2600 个节点。

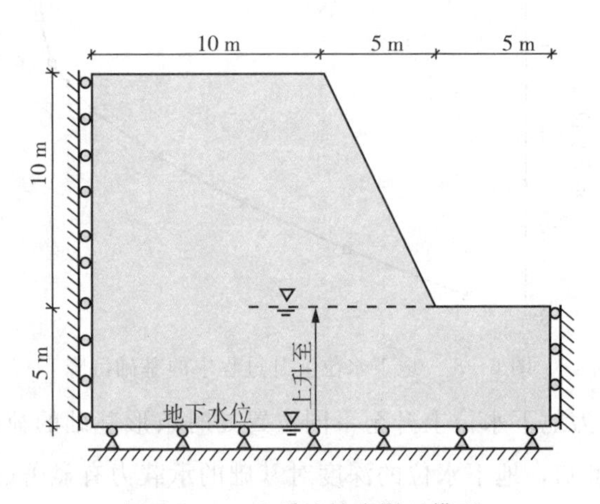

图 6-10　土质边坡有限元模型

在有限元分析时建立两个分析步分析水位变化对土质边坡稳定性的影响：第一步为地应力平衡步，获得初始状态时土质边坡的应力分布；第二步为水位上升分析步，地下水位以恒定的速度上升 5 m。

地下水位上升前后土质边坡的基质吸力分布云图如图 6-11 所示。如图 6-11(a) 所示，基质吸力沿着深度方向减小，当地下水位上升至坡脚位置处时，整个土质边坡中的基质吸力都小于地下水位上升前的土质边坡中的基质吸力，如图 6-11(b) 所示，在坡脚下方的土体中，基质吸力变为正孔隙水压力。地下水位上升前后水平方向和竖直方向的应力云图分别如图 6-12 和图 6-13 所示，由数值模拟结果可知，由于基质吸力的降低，土体的骨架应力呈减小的趋势。

图 6-14 为地下水位上升结束后水平方向和竖直方向的位移云图。随着地下水位的上升，整个土质边坡的饱和度都呈现上升趋势，坡脚下方 0 ～-5 m 深度范围内的孔隙水压力由初始的负孔隙水压力变为正孔隙水压力，坡脚上方 0 ～

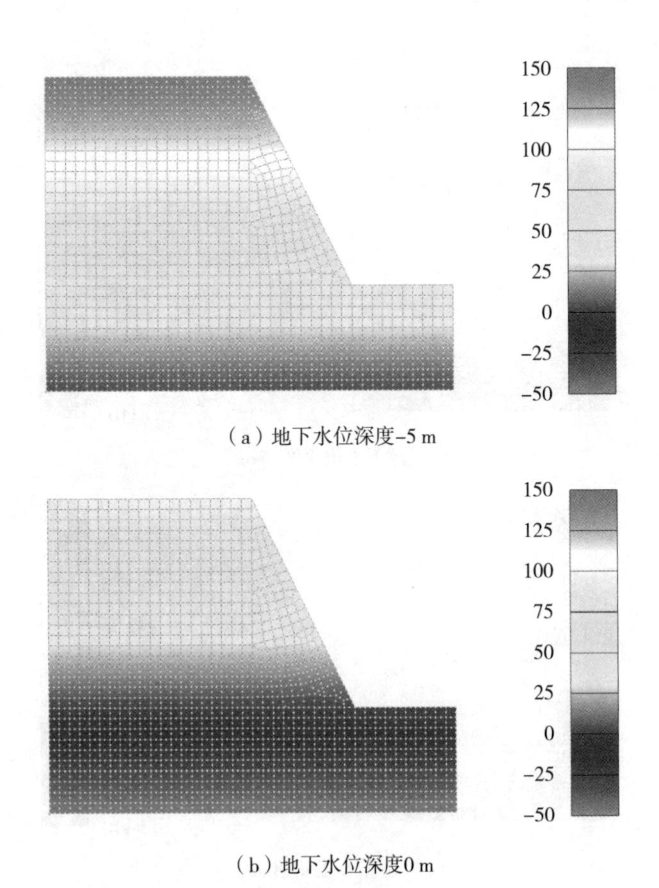

（a）地下水位深度-5 m

（b）地下水位深度0 m

图 6－11　基质吸力(单位：kPa) 分布云图

10 m 高度范围内的基质吸力减小，使得土体单元的骨架应力降低。由于骨架应力的降低，土体单元中的骨架应力会小于应力历史上的最大有效应力，所以在地下水位上升的过程中，土质边坡中的土体单元有可能会处于超固结状态。若土质边坡在地下水位上升的过程中由正常固结状态变为超固结状态，又由于土体单元的骨架应力相比地下水位上升前是降低的，故土体单元的应力路径为应力卸载，土质边坡会发生弹性回弹。由图 6－14(b) 中的数值模拟结果可知，坡脚上方土体由于饱和度的升高导致硬化效应出现衰退，使得土体的屈服应力降低，虽然土体单元的骨架应力降低了，但是并不会变成超固结土发生弹性回弹，相反的，土质边坡发生了湿陷，边坡的最大沉降发生在坡顶处，如图 6－14(b) 所示，最大竖向位移为 1.2 m，最大水平位移发生在土坡中部位置，如图 6－14(a) 所示，边坡的最大水平位移达到 60 cm。

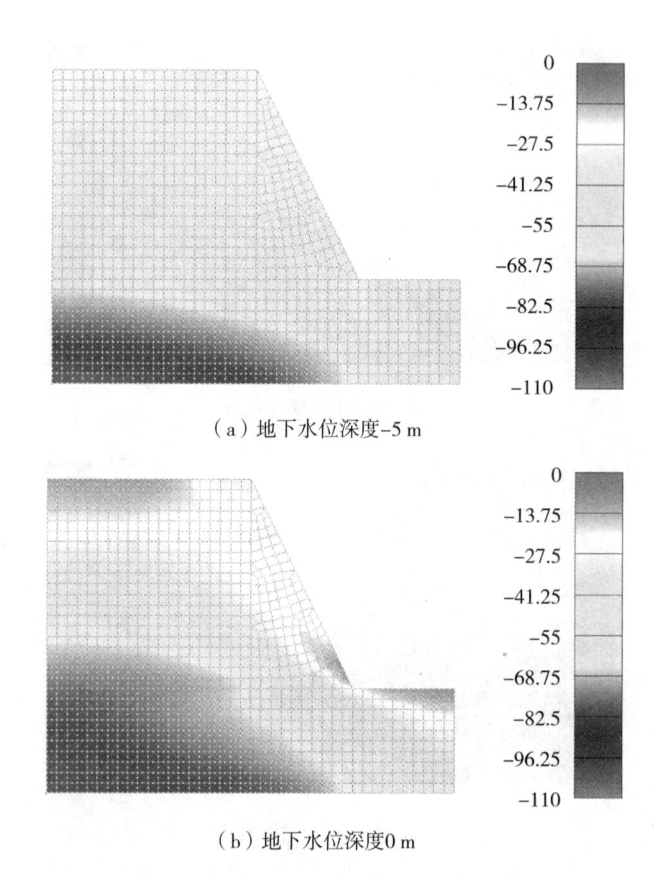

（a）地下水位深度-5 m

（b）地下水位深度0 m

图 6－12　水平方向应力(单位：kPa) 分布云图

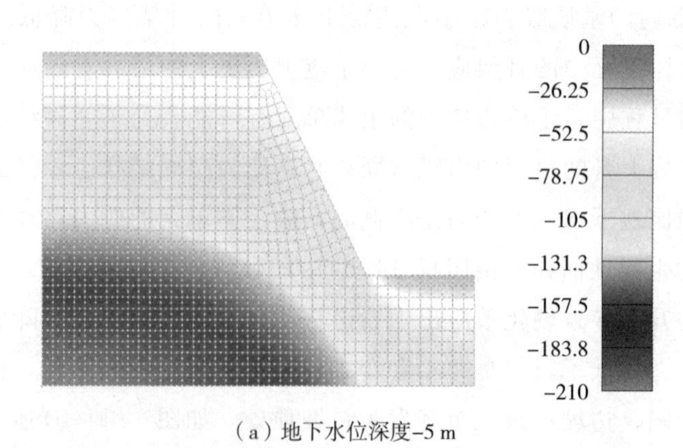

（a）地下水位深度-5 m

图 6－13　竖直方向应力(单位：kPa) 分布云图

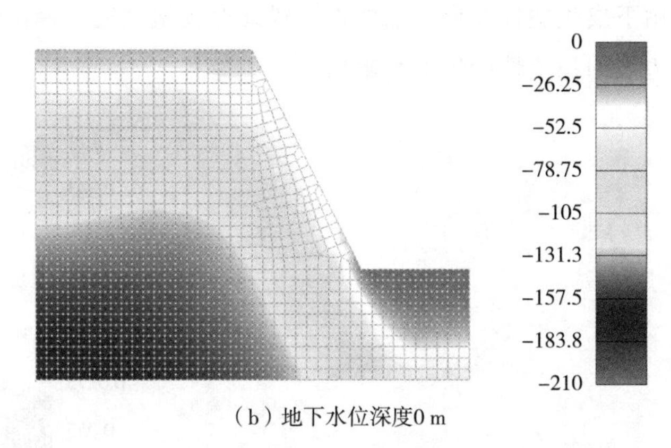

（b）地下水位深度0 m

图 6-13　竖直方向应力(单位：kPa) 分布云图(续)

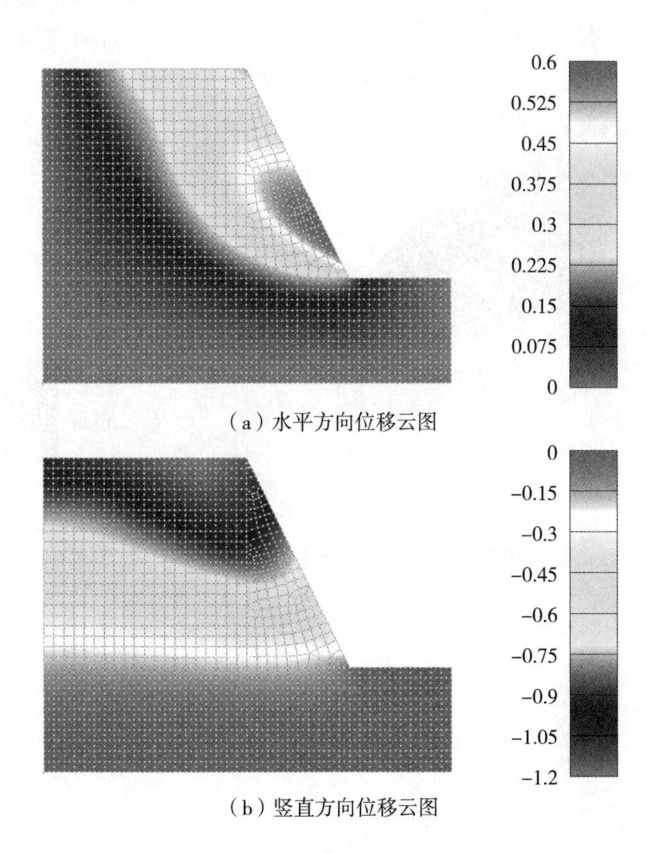

（a）水平方向位移云图

（b）竖直方向位移云图

图 6-14　地下水位上升后的位移(单位：m) 云图

图 6-15 所示为地下水位上升结束后边坡在水平方向和竖直方向的应变云图。由数值模拟结果可知，由于地下水位的上升，土体的屈服应力降低，土质边

坡在自重的作用下发生塑性变形，在坡脚位置处形成塑性应变带，降低了边坡的安全系数，对边坡的稳定性产生不利影响。

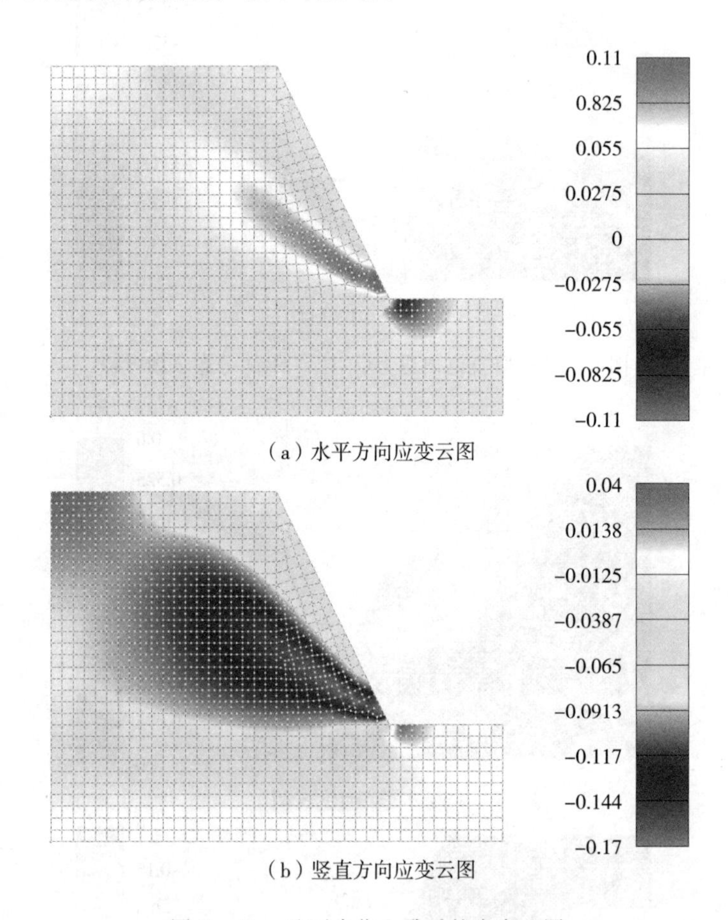

（a）水平方向应变云图

（b）竖直方向应变云图

图 6-15　地下水位上升后的应变云图

参考文献

[1] 交通运输部.2016 年交通运输行业发展统计公报［N］. 中国交通报，2017-01-01.

[2] 国家发展改革委. 中长期铁路网规划［EB/OL］.（2016-07-13）［2016-07-20］.http：//www. gov. cn/xinwen/2016-07/20/content_5093165. htm.

[3] VON TERZAGHI K. Die Berechnung der Durchlassigkeitsziffer des Tones aus dem Verlauf der hydrodynamischen Spannungs. erscheinungen［J］. Sitzungsberichte der Akademie der Wissenschaften in Wien，Mathematisch-Naturwissenschaftliche Klasse，Abteilung 2a，1923，132：125-138.

[4] 路德春，杜修力，许成顺. 有效应力原理解析［J］. 岩土工程学报，2013（S1）：146-151.

[5] 李广信. 关于有效应力原理的几个问题［J］. 岩土工程学报，2011（2）：315-320.

[6] FREDLUND D G，RAHARDJO H. Soil mechanics for unsaturated soils［M］. New York：John Wiley & Sons，1993.

[7] WHEELER S J，SHARMA R S，BUISSON M. Coupling of hydraulic hysteresis and stress-strain behaviour in unsaturated soils［J］. Géotechnique，2003，53（1）：41-54.

[8] 孙德安. 非饱和土的水力和力学特性及其弹塑性描述［J］. 岩土力学，2009（11）：3217-3231.

[9] 孙文静，孙德安，张谨绎. 常含水率下非饱和高庙子膨润土加砂混合物的水力-力学性质［J］. 土木工程学报，2011（S2）：161-164.

[10] ABED A A, SOOWSKI W T. A study on how to couple thermo - hydro - mechanical behaviour of unsaturated soils: Physical equations, numerical implementation and examples [J]. Computers and geotechnics, 2017, 92: 132 - 155.

[11] TARANTINO A, TOMBOLATO S. Coupling of hydraulic and mechanical behaviour in unsaturated compacted clay [J]. Géotechnique, 2005, 55 (4): 307 - 317.

[12] YANG H, RAHARDJO H, LEONG E, et al. Factors affecting drying and wetting soil - water characteristic curves of sandy soils [J]. Canadian geotechnical journal, 2004, 41 (5): 908 - 920.

[13] 龚壁卫，周小文，周武华．干-湿循环过程中吸力与强度关系研究 [J]．岩土工程学报，2006 (2): 207 - 209.

[14] 李幻，韦昌富，陈辉，等．孔隙介质毛细滞回简化模型研究 [J]．岩土力学，2011 (9): 2635 - 2639.

[15] NG C W, PANG Y W. Experimental investigations of the soil - water characteristics of a volcanic soil [J]. Canadian geotechnical journal, 2000, 37 (6): 1252 - 1264.

[16] LIKOS W J, LU N, GODT J W. Hysteresis and uncertainty in soil water-retention curve parameters [J]. Journal of geotechnical and geoenvironmental engineering, 2013, 140 (4): 4013050.

[17] BISHOP A W, BLIGHT G E. Some aspects of effective stress in saturated and partly saturated soils [J]. Géotechnique, 1963, 13 (3): 177 - 197.

[18] JENNINGS J, BURLAND J B. Limitations to the use of effective stresses in partly saturated soils [J]. Géotechnique, 1962, 12 (2): 125 - 144.

[19] MATYAS E L, RADHAKRISHNA H S. Volume change characteristics of partially saturated soils [J]. Géotechnique, 1968, 18 (4): 432 - 448.

[20] FREDLUND D G, MORGENSTERN N R. Constitutive relations for volume change in unsaturated soils [J]. Canadian geotechnical journal, 1976, 13 (3): 261 - 276.

[21] FREDLUND D G, MORGENSTERN N R. Stress state variables for

unsaturated soils [J]. Journal of geotechnical and geoenvironmental engineering, 1977, 5 (103): 129-139.

[22] HOULSBY G T. The work input to an unsaturated granular material [J]. Géotechnique, 1997, 47 (1): 193-196.

[23] LI X S. Thermodynamics-based constitutive framework for unsaturated soils. 1: Theory [J]. Géotechnique, 2007, 57 (5): 411-422.

[24] ZHAO C G, LIU Y, GAO F P. Work and energy equations and the principle of generalized effective stress for unsaturated soils [J]. International journal for numerical and analytical methods in geomechanics, 2010, 34 (9): 920-936.

[25] 赵成刚，蔡国庆．非饱和土广义有效应力原理 [J]．岩土力学，2009 (11): 3232-3236.

[26] HILF J W. An investigation of pore water pressure in compacted cohesive soils [D]. Boulder: University of Colorado Boulder, 1956.

[27] FREDLUND D G, MORGENSTERN N R, WIDGER R A. The shear strength of unsaturated soils [J]. Canadian geotechnical journal, 1978, 15 (3): 313-321.

[28] WHEELER S J. Inclusion of specific water volume within an elasto-plastic model for unsaturated soil [J]. Canadian geotechnical journal, 1996, 33 (1): 42-57.

[29] BISHOP A W. The principles of effective stress [J]. Teknisk ukeblad, 1959, 106 (39): 859-863.

[30] DUDLEY J H. Review of collapsing soils [J]. Journal of soil mechanics and foundations division, 1970, 97 (3): 925-947.

[31] BARDEN L, MADEDOR A O, SIDES G R. Volume change characteristics of unsaturated clay [J]. Journal of soil mechanics and foundations division, 1969, 95 (1): 33-52.

[32] AUDRIC T, BOUQUIER L. Collapsing behaviour of some loess soils from Normandy [J]. Quarterly journal of engineering geology and hydrogeology, 1976, 9 (3): 265-277.

[33] LAWTON E C, FRAGASZY R J, HARDCASTLE J H. Collapse of compacted clayey sand [J] . Journal of geotechnical engineering, 1989, 115 (9): 1252 - 1267.

[34] PEREIRA J H, FREDLUND D G. Volume change behavior of collapsible compacted gneiss soil [J] . Journal of geotechnical and geoenvironmental engineering, 2000, 126 (10): 907 - 916.

[35] SUN D A, MATSUOKA H, XU Y F. Collapse behavior of compacted clays in suction-controlled triaxial tests [J] . Geotechnical testing journal, 2004, 27 (4): 362 - 370.

[36] LLORET A, ALONSO E E. Consolidation of unsaturated soils including swelling and collapse behaviour [J] . Géotechnique, 1980, 30 (4): 449 - 477.

[37] SUN D, SHENG D, XU Y. Collapse behaviour of unsaturated compacted soil with different initial densities [J] . Canadian geotechnical journal, 2007, 44 (6): 673 - 686.

[38] JOTISANKASA A. Collapse behaviour of a compacted silty clay [D]. London: University of London, 2005.

[39] MUNOZ - CASTELBLANCO J, DELAGE P, PEREIRA J M, et al. Some aspects of the compression and collapse behaviour of an unsaturated natural loess [J] . Géotechnique letters, 2011: 1 - 6.

[40] JOSA A, ALONSO E E, LLORET A, et al. Stress - strain behaviour or partially saturated soils [C] //European conference on soil mechanics and foundation engineering. 9. 1987, 2: 561 - 564.

[41] CUI Y J, DELAGE P. Yeilding and plastic behaviour of an unsaturated compacted silt [J] . Géotechnique, 1996, 46 (2): 291 - 311.

[42] RAMPINO C, MANCUSO C, VINALE F. Experimental behaviour and modelling of an unsaturated compacted soil [J] . Canadian geotechnical journal, 2000, 37 (4): 748 - 763.

[43] SIVAKUMAR V, WHEELER S J. Influence of compaction procedure on the mechanical behaviour of an unsaturated compacted clay. Part 1: Wetting and isotropic compression [J] . Géotechnique, 2000, 50 (4): 359 - 368.

[44] WHEELER S J, SIVAKUMAR V. Influence of compaction procedure on the mechanical behaviour of an unsaturated compacted clay. Part 2: Shearing and constitutive modelling [J]. Géotechnique, 2000, 50 (4): 369-376.

[45] SUN D A, ZHANG J, GAO Y, et al. Influence of suction history on hydraulic and stress-strain behavior of unsaturated soils [J]. International journal of geomechanics, 2015, 16 (6): D4015001.

[46] RAHARDJO H, HENG O B, CHOON L E. Shear strength of a compacted residual soil from consolidated drained and constant water content triaxial tests [J]. Canadian geotechnical journal, 2004, 41 (3): 421-436.

[47] ESTABRAGH A R, JAVADI A A. Critical state for overconsolidated unsaturated silty soil [J]. Canadian geotechnical journal, 2008, 45 (3): 408-420.

[48] 张芳枝，陈晓平．非饱和黏土变形和强度特性试验研究 [J]．岩石力学与工程学报，2009 (S2): 3808-3814.

[49] 曹玲，罗先启，徐永福．非饱和土边坡滑带土恒荷载试验研究 [J]．岩土工程学报，2010 (S2): 146-149.

[50] 姚仰平，牛雷，韩黎明，等．超固结非饱和土的试验研究 [J]．岩土力学，2011 (06): 1601-1606.

[51] 张俊然，许强，孙德安．吸力历史对非饱和土力学性质的影响 [J]．岩土力学，2013 (10): 2810-2814.

[52] 刘文化．干湿循环对非饱和土力学特性影响及非饱和土本构关系探讨 [D]．大连：大连理工大学，2015.

[53] BURTON G J, SHENG D, AIREY D. Experimental study on volumetric behaviour of Maryland clay and the role of degree of saturation [J]. Canadian geotechnical journal, 2014, 51 (12): 1449-1455.

[54] HAERI S M, GARAKANI A A, KHOSRAVI A, et al. Assessing the hydro-mechanical behavior of collapsible soils using a modified triaxial test device [J]. Geotechnical testing journal, 2013, 37 (2): 190-204.

[55] NG C W W, MU Q Y, ZHOU C. Effects of soil structure on the shear behaviour of an unsaturated loess at different suctions and temperatures [J]. Canadian geotechnical journal, 2016, 54 (2): 270-279.

[56] 申春妮，方祥位，陈正汉. 黄土的非饱和直剪试验研究 [J]. 地下空间与工程学报，2010 (4): 724-728.

[57] 郭楠，陈正汉，高登辉，等. 加卸载条件下吸力对黄土变形特性影响的试验研究 [J]. 岩土工程学报，2017 (4): 735-742.

[58] BUCKINGHAM E. Studies on the movement of soil moisture [M]. Washington D. C.: United States Department of Agriculture, Bureau of Soil, 1907.

[59] GARDNER W, WIDTSOE J A. The movement of soil moisture [J]. Soil science, 1921, 11 (3): 215-232.

[60] RICHARDS L A. The usefulness of capillary potential to soil-moisture and plant investigations [J]. Journal of agriculture research, 1928, 37: 719-742.

[61] FREDLUND D G, XING A. Equations for the soil-water characteristic curve [J]. Canadian geotechnical journal, 1994, 31 (4): 521-532.

[62] AUBERTIN M, MBONIMPA M, BUSSIÈRE B, et al. A model to predict the water retention curve from basic geotechnical properties [J]. Canadian geotechnical journal, 2003, 40 (6): 1104-1122.

[63] 王协群，邹维列，骆以道，等. 压实度与级配对路基重塑黏土土-水特征曲线的影响 [J]. 岩土力学，2011 (S1): 181-184.

[64] 文宝萍，胡艳青. 颗粒级配对非饱和黏性土基质吸力的影响规律 [J]. 水文地质工程地质，2008 (6): 50-55.

[65] 罗小艳，刘伟平，扶名福. 颗粒级配及竖向应力对崩岗区土壤土-水特征曲线的影响 [J]. 东南大学学报（自然科学版），2016 (S1): 235-240.

[66] GALLAGE C P K, UCHIMURA T. Effects of dry density and grain size distribution on soil-water characteristic curves of sandy soils [J]. Soils and foundations, 2010, 50 (1): 161-172.

[67] LU N, LIKOS W J. Unsaturated soil mechanics [M]. New York: John Wiley & Sons, 2004.

[68] TINJUM J M，BENSON C H，BLOTZ L R. Soil - water characteristic curves for compacted clays [J] . Journal of geotechnical and geoenvironmental engineering，1997，123 (11)：1060 - 1069.

[69] MARINHO F，CHANDLER R J. Aspects of the behavior of clays on drying [C] //Unsaturated soils. ASCE，1993：77 - 90.

[70] MARINHO F A. Nature of soil - water characteristic curve for plastic soils [J] . Journal of geotechnical and geoenvironmental engineering，2005，131 (5)：654 - 661.

[71] 卢应发，陈高峰，罗先启，等．土-水特征曲线及其相关性研究 [J] ．岩土力学，2008 (9)：2481 - 2486.

[72] BIRLE E，HEYER D，VOGT N. Influence of the initial water content and dry density on the soil - water retention curve and the shrinkage behavior of a compacted clay [J] . Acta geotechnica，2008，3 (3)：191 - 200.

[73] 余沛，柴寿喜，魏厚振，等．不同干密度下玄武岩残积土土水特征曲线分析 [J] ．工程勘察，2012 (7)：1 - 5.

[74] 罗启迅，黄靖，陈群．竖向应力及干密度对砾石土土-水特征曲线的影响研究 [J] ．岩土力学，2014 (3)：729 - 734.

[75] 褚峰，邵生俊，陈存礼．干密度和竖向应力对原状非饱和黄土土水特征影响的试验研究 [J] ．岩石力学与工程学报，2014 (2)：413 - 420.

[76] 李志清，胡瑞林，王立朝，等．非饱和膨胀土 SWCC 研究 [J] ．岩土力学，2006 (5)：730 - 734.

[77] MILLER C J，YESILLER N，YALDO K，et al. Impact of soil type and compaction conditions on soil water characteristic [J] . Journal of geotechnical and geoenvironmental engineering，2002，128 (9)：733 - 742.

[78] ZHOU J，YU J L. Influences affecting the soil - water characteristic curve [J] . Journal of Zhejiang University - SCIENCE A，2005，6 (8)：797 - 804.

[79] 汪东林，栾茂田，杨庆．重塑非饱和黏土的土-水特征曲线及其影响因素研究 [J] ．岩土力学，2009 (3)：751 - 756.

[80] 刘小文，常立君，胡小荣．非饱和红土基质吸力与含水率及密度关系试验研究 [J] ．岩土力学，2009 (11)：3302 - 3306.

[81] 刘奉银，张昭，周冬，等．密度和干湿循环对黄土土-水特征曲线的影响 [J]．岩土力学，2011 (S2)：132-136.

[82] SALAGER S，NUTH M，FERRARI A，et al. Investigation into water retention behaviour of deformable soils [J]. Canadian geotechnical journal，2013，50 (2)：200-208.

[83] 陈东霞，龚晓南．非饱和残积土的土-水特征曲线试验及模拟 [J]．岩土力学，2014 (7)：1885-1891.

[84] 孙德安，高游，刘文捷，等．红黏土的土水特性及其孔隙分布 [J]．岩土工程学报，2015 (2)：351-356.

[85] 邹维列，王协群，罗方德，等．等应力和等孔隙比状态下的土-水特征曲线 [J]．岩土工程学报，2017 (9)：1711-1717.

[86] JIANG Y，CHEN W，WANG G，et al. Influence of initial dry density and water content on the soil-water characteristic curve and suction stress of a reconstituted loess soil [J]. Bulletin of engineering geology and the environment，2017，76 (3)：1085-1095.

[87] VANAPALLI S K，FREDLUND D G，PUFAHL D E. The influence of soil structure and stress history on the soil-water characteristics of a compacted till [J]. Geotechnique，1999，49 (2)：143-159.

[88] 毛雪松，侯仲杰，孔令坤．风积砂水分迁移试验研究 [J]．水利学报，2010 (02)：142-147.

[89] 伊盼盼，牛圣宽，韦昌富．干密度和初始含水率对非饱和重塑粉土土水特征曲线的影响 [J]．水文地质工程地质，2012 (1)：42-46.

[90] IYER K，JAYANTH S，GURNANI S，et al. Influence of initial water content and specimen thickness on the SWCC of fine-grained soils [J]. International journal of geomechanics，2013，13 (6)：894-899.

[91] 梁燕，杜鑫，黄富斌，等．含水率与土样异向对原状非饱和黄土土-水特征影响试验研究 [J]．重庆交通大学学报（自然科学版），2016 (6)：57-59.

[92] PHILIP J R，VRIES D A D. Moisture movement in porous materials under temperature gradients [J]. Eos，Transactions American Geophysical Union，1957，38 (2)：222-232.

[93] JACINTO A C, VILLAR M V, GÓMEZ－ESPINA R, et al. Adaptation of the van Genuchten expression to the effects of temperature and density for compacted bentonites [J]. Applied clay science, 2009, 42 (4): 575－582.

[94] MA C, HUECKEL T. Stress and pore pressure in saturated clay subjected to heat from radioactive waste: a numerical simulation [J]. Canadian geotechnical journal, 1992, 29 (6): 1087－1094.

[95] MA C, HUECKEL T. Thermomechanical effects on adsorbed water in clays around a heat source [J]. International journal for numerical and analytical methods in geomechanics, 1993, 17 (3): 175－196.

[96] ROMERO E, GENS A, LLORET A. Temperature effects on the hydraulic behaviour of an unsaturated clay [J]. Geotechnical and geological engineering, 2001, 19: 311－332.

[97] VILLAR M V, LLORET A. Influence of temperature on the hydro－mechanical behaviour of a compacted bentonite [J]. Applied clay science, 2004, 26 (1): 337－350.

[98] 王协群，邹维列，骆以道，等．考虑压实度时的土水特征曲线和温度对吸力的影响［J］．岩土工程学报，2011（3）：368－372.

[99] CAI G, ZHAO C, LI J, et al. A new triaxial apparatus for testing soil water retention curves of unsaturated soils under different temperatures [J]. Journal of Zhejiang University－SCIENCE A, 2014, 15 (5): 364－373.

[100] LEONG E C, RAHARDJO H. Review of soil－water characteristic curve equations [J]. Journal of geotechnical and geoenvironmental engineering, 1997, 123 (12): 1106－1117.

[101] GARDNER W R. Some steady-state solutions of the unsaturated moisture flow equation with application to evaporation from a water table [J]. Soil science, 1958, 85 (4): 228－232.

[102] BROOKS R H, COREY A T. Hydraulic properties of porous media [M]. Colorado State University, 1965.

[103] GENUCHTEN M T V. A closed-form equation for predicting the hydraulic

conductivity of unsaturated soils [J] . Soil science society of America journal, 1980, 44 (44): 892 - 898.

[104] ARYA L M, PARIS J F, ARYA L M, et al. A physicoempirical model to predict the soil moisture characteristic from particle-size distribution and bulk density [J] . Soil science society of America journal, 1981, 45 (6): 1023 - 1030.

[105] ARYA L M, LEIJ F J, GENUCHTEN M T V, et al. Scaling parameter to predict the soil water characteristic from particle-size distribution data [J] . Soil science society of America journal, 1999, 63 (3): 510 - 519.

[106] 徐晓兵，陈云敏，张旭俊，等．基于颗分曲线预测可降解土体土水特征曲线的初探研究 [J] ．土木工程学报，2016 (12): 108 - 113.

[107] FREDLUND M D, FREDLUND D G, WILSON G W. Prediction of the soil - water characteristic curve from grain-size distribution and volume-mass properties [C] //Proceedings of the 3rd Symposium on Unsaturated Soils. Rio De Janeiro, 1997, 13 - 23.

[108] ZHUANG J, JIN Y, MIYAZAKI T. Esitimating water retention characteristic from soil particle-size distribution using a non-similar media concept [J] . Soil science, 2001, 166 (5): 308 - 321.

[109] 栾茂田，李顺群，杨庆．非饱和土的理论土-水特征曲线 [J] ．岩土工程学报，2005 (6): 611 - 615.

[110] 王宇，吴刚．一种基于物理化学基础分析的土水特征曲线模型 [J] ．岩土工程学报，2008 (9): 1282 - 1290.

[111] NORDBOTTEN J M, CELIA M A, DAHLE H K, et al. Interpretation of macroscale variables in Darcy's law [J] . Water resources research, 2007, 43 (8): W08430.

[112] JAAFAR R, LIKOS W J. Estimating water retention characteristics of sands from grain size distribution using idealized packing conditions [J]. Geotechnical testing journal, 2011, 34 (5): 489 - 502.

[113] 胡冉，陈益峰，周创兵．基于孔隙分布的变形土土水特征曲线模型 [J] ．岩土工程学报，2013 (8): 1451 - 1462.

[114] LI X, LI J H, ZHANG L M. Predicting bimodal soil - water characteristic curves and permeability functions using physically based parameters [J]. Computers and geotechnics, 2014, 57 (4): 85 - 96.

[115] 刘士雨，俞缙，蔡燕燕，等．基于土壤物理特性扩展技术的土水特征曲线预测方法 [J]．岩土工程学报，2017 (5)：924 - 931.

[116] TYLER S W, WHEATCRAFT S W. Fractal processes in soil water retention [J] . Water resources research, 1990, 26 (5): 1047 - 1054.

[117] PACHEPSKY Y A, SHCHERBAKOV R A, KORSUNSKAYA L P. Scaling of soil water retention using a fractal model [J] . Soil science, 1995, 159 (2): 99 - 104.

[118] PERFECT E, MCLAUGHLIN N B, KAY B D, et al. An improved fractal equation for the soil water retention curve [J] . Water resources research, 1996, 32 (2): 281 - 288.

[119] 徐永福，董平．非饱和土的水分特征曲线的分形模型 [J]．岩土力学，2002 (4)：400 - 405.

[120] 王康，张仁铎，王富庆．基于不完全分形理论的土壤水分特征曲线模型 [J]．水利学报，2004 (5)：1 - 6.

[121] WANG K, ZHANG R. Estimation of soil water retention curve: an asymmetrical pore-solid fractal model [J] . Wuhan University journal of natural sciences, 2011, 16 (2): 171 - 178.

[122] 张季如，胡泳，余红玲，等．黏性土粒径分布的多重分形特性及土-水特征曲线的预测研究 [J]．水利学报，2015 (6)：650 - 657.

[123] KHOSHGHALB A, PASHA A Y, KHALILI N. A fractal model for volume change dependency of the water retention curve [J] . Géotechnique, 2015, 65 (2): 141 - 146.

[124] ALONSO E E, GENS A, JOSA A. A constitutive model for partially saturated soils [J] . Géotechnique, 1990, 40 (3): 405 - 430.

[125] GEORGIADIS K, POTTS D M, ZDRAVKOVIC L. The influence of partial soil saturation on pile behaviour [J] . Géotechnique, 2003, 53 (1): 11 - 25.

[126] DELAGE P, GRAHAM J. Understanding the behaviour of unsaturated soils requires reliable conceptual models: state of the art report [M] // ALONSO E E, DELAGE P. Unsaturated soils: 3. Rotterdam: Balkema, 1995: 1223 - 1256.

[127] WHEELER S J, SIVAKUMAR V. An elasto - plastic critical state framework for unsaturated soil [J]. Géotechnique, 1995, 45 (1): 35 - 53.

[128] ROSCOE K H. On the generalized stress - strain behaviour of 'wet' clay [J]. Engineering plasticity, 1968: 535 - 608.

[129] CHIU C F, NG C W. A state-dependent elasto - plastic model for saturated and unsaturated soils [J]. Géotechnique, 2003, 53 (9): 809 - 830.

[130] GEORGIADIS K, POTTS D M, ZDRAVKOVIC L. Three-dimensional constitutive model for partially and fully saturated soils [J]. International journal of geomechanics, 2005, 5 (3): 244 - 255.

[131] THU T M, RAHARDJO H, LEONG E. Elastoplastic model for unsaturated soil with incorporation of the soil - water characteristic curve [J]. Canadian geotechnical journal, 2007, 44 (1): 67 - 77.

[132] SHENG D, FREDLUND D G, GENS A. A new modelling approach for unsaturated soils using independent stress variables [J]. Canadian geotechnical journal, 2008, 45 (4): 511 - 534.

[133] ZHANG X, LYTTON R L. Discussion of "A new modelling approach for unsaturated soils using independent stress variables" [J]. Canadian geotechnical journal, 2008, 45 (12): 1784 - 1787.

[134] BOLZON G, SCHREFLER B A, ZIENKIEWICZ O C. Elastoplastic soil constitutive laws generalized to partially saturated states [J]. Géotechnique, 1996, 46 (2): 279 - 289.

[135] PASTOR M, ZIENKIEWICZ O C, CHAN A. Generalized plasticity and the modelling of soil behaviour [J]. International journal for numerical and analytical methods in geomechanics, 1990, 14 (3): 151 - 190.

[136] JOMMI C. Remarks on the constitutive modelling of unsaturated soils [J]. Experimental evidence and theoretical approaches in unsaturated soils,

2000：139－153.

[137] GALLIPOLI D，GENS A，SHARMA R，et al. An elasto－plastic model for unsaturated soil incorporating the effects of suction and degree of saturation on mechanical behaviour [J]. Géotechnique.，2003，53 (1)：123－136.

[138] SUN D A，SHENG D C，CUI H B，et al. A density-dependent elastoplastic hydro－mechanical model for unsaturated compacted soils [J]. International journal for numerical and analytical methods in geomechanics，2007，31 (11)：1257－1279.

[139] ZHANG F，IKARIYA T. A new model for unsaturated soil using skeleton stress and degree of saturation as state variables [J]. Soils and foundations，2011，51 (1)：67－81.

[140] KODAKA T，SUZUKI H，OKA F. Conventional triaxial compression tests for unsaturated silt under drained and exhausted condition [C] //Proceedings of 18th Conference of Geotechnical Engineering in Chubu Branch of JGS. 2006：53－58.

[141] ZHOU A，SHENG D，SLOAN S W，et al. Interpretation of unsaturated soil behaviour in the stress－saturation space，Ⅰ：volume change and water retention behaviour [J]. Computers and geotechnics，2012，43：178－187.

[142] ZHOU A，SHENG D，SLOAN S W，et al. Interpretation of unsaturated soil behaviour in the stress－saturation space，Ⅱ：constitutive relationships and validations [J]. Computers and geotechnics，2012，43：111－123.

[143] LORET B，KHALILI N. A three-phase model for unsaturated soils [J]. International journal for numerical and analytical methods in geomechanics，2000，24 (11)：893－927.

[144] LALOUI L，KLUBERTANZ G，VULLIET L. Solid－liquid－air coupling in multiphase porous media [J]. International journal for numerical and analytical methods in geomechanics，2003，27 (3)：183－206.

[145] 刘艳，赵成刚，韦昌富．非饱和土的修正SFG模型研究 [J]．岩土工程学报，2012，34 (8)：1458－1463.

[146] COLLINS I F，HOULSBY G T. Application of thermomechanical

principles to the modelling of geotechnical materials [J]. Proceedings of the Royal Society of London. Series A: Mathematical, physical and engineering sciences, 1997, 453 (1964): 1975-2001.

[147] HOULSBY G T, PUZRIN A M. A thermomechanical framework for constitutive models for rate-independent dissipative materials [J]. International journal of plasticity, 2000, 16 (9): 1017-1047.

[148] 周家伍，刘元雪，陆新，等．土体耗散势的不存在与不可解耦 [J]．岩土工程学报，2011 (4): 607-617.

[149] 周家伍，刘元雪．对“土体耗散势的不存在与不可解耦”讨论的答复 [J]．岩土工程学报，2011 (11): 1814-1816.

[150] 蔡国庆，黄启迪，何旭珍．关于“土体耗散势的不存在与不可解耦”的讨论 [J]．岩土工程学报，2011 (11): 1812-1814.

[151] BORJA R I. Cam-clay plasticity. Part Ⅴ: A mathematical framework for three-phase deformation and strain localization analyses of partially saturated porous media [J]. Computer methods in applied mechanics and engineering, 2004, 193 (48): 5301-5338.

[152] LI X S. Thermodynamics-based constitutive framework for unsaturated soils. 2: A basic triaxial model [J]. Géotechnique, 2007, 57 (5): 423-435.

[153] MURALEETHARAN K K, LIU C, WEI C, et al. An elastoplatic framework for coupling hydraulic and mechanical behavior of unsaturated soils [J]. International journal of plasticity, 2009, 25 (3): 473-490.

[154] CAI G Q, ZHAO C G, LIU Y, et al. Volume change behavior of unsaturated soils under non-isothermal conditions [J]. Chinese science bulletin, 2011, 56 (23): 2495-2504.

[155] GENS A, ALONSO E E. A framework for the behaviour of unsaturated expansive clays [J]. Canadian geotechnical journal, 1992, 29 (6): 1013-1032.

[156] ALONSO E E, VAUNAT J, Gens A. Modelling the mechanical behaviour of expansive clays [J]. Engineering geology, 1999, 54 (1): 173-183.

[157] CHEN R. Experimental study and constitutive modelling of stress-

dependent coupled hydraulic hysteresis and mechanical behaviour of an unsaturated soil [D]. Hong Kong: Hong Kong University of Science and Technology, 2007.

[158] SUN W, SUN D. Coupled modelling of hydro-mechanical behaviour of unsaturated compacted expansive soils [J]. International journal for numerical and analytical methods in geomechanics, 2012, 36 (8): 1002 - 1022.

[159] SÁNCHEZ M, GENS A, GUIMARÃES L D N, et al. A double structure generalized plasticity model for expansive materials [J]. International journal for numerical and analytical methods in geomechanics, 2005, 29 (8): 751 - 787.

[160] GRAHAM J, OSWELL J M, GRAY M N. The effective stress concept in saturated sand - clay buffer [J]. Canadian geotechnical journal, 1993, 29 (6): 1033 - 1043.

[161] CHAPMAN D L. A contribution to the theory of electrocapillarity [J]. The London, Edinburgh, and Dublin philosophical magazine and journal of science, 1913, 25 (148): 475 - 481.

[162] YONG R N, SADANA M L, GOHL W B. A particle interaction energy model for assessment of swelling of an expansive soil [C] //Proceedings of the 5th International Conference on Expansive Soils. Institution of Engineers, Australia, 1984: 4 - 12.

[163] BLIGHT G E. The time-rate of heave of structures on expansive clays [M] //AITCHSON G D. Moisture equilibria and moisture changes in soils beneath covered areas. Syndey: Butterworths, 1965: 78 - 88.

[164] SUN D A, CUI H B, MATSUOKA H, et al. A three-dimensional elastoplastic model for unsaturated compacted soils with hydraulic hysteresis [J]. Soils and foundations, 2007, 47 (2): 253 - 264.

[165] MAŠÍN D. Predicting the dependency of a degree of saturation on void ratio and suction using effective stress principle for unsaturated soils [J]. International journal for numerical and analytical methods in geomechanics, 2010, 34 (1): 73 - 90.

[166] SHALOM A B, KASSIFF G. Experimental relationship between swell pressure and suction [J] . Géotechnique, 1971, 21 (3): 245 - 255.

[167] LLORET A, VILLAR M V, SÁNCHEZ M, et al. Mechanical behaviour of heavily compacted bentonite under high suction changes [J]. Géotechnique, 2015, 53 (1): 27 - 40.

[168] SUN D A, SUN W J, YAN W. Hydraulic and mechanical behaviour of sand - bentonite mixture [C] //Proceedings of International Symposium on Unsaturated Soil Mechanics and Deep Geological Nuclear Waste Disposal. Shanghai, 2009: 90 - 97.

[169] ZHAN L. Field and laboratory study of an unsaturated expansive soil associated with rain-induced slope instability [D] . Hong Kong: The Hong Kong University of Science and Technology, 2003.

[170] KOHGO Y, NAKANO M, MIYAZAKI T. Theoretical aspects of constitutive modelling for unsaturated soils [J] . Soils and foundations, 1993, 33 (4): 49 - 63.

[171] SUN D, MATSUOKA H, YAO Y, et al. An elasto - plastic model for unsaturated soil in three-dimensional stresses [J] . Soils and foundations, 2000, 40 (3): 17 - 28.

[172] LORET B, KHALILI N. An effective stress elastic - plastic model for unsaturated porous media [J] . Mechanics of materials, 2002, 34 (2): 97 - 116.

[173] GALLIPOLI D, WHEELER S J, KARSTUNEN M. Modelling the variation of degree of saturation in a deformable unsaturated soil [J]. Géotechnique. , 2003, 53 (1): 105 - 112.

[174] MORVAN M, WONG H, BRANQUE D. An unsaturated soil model with minimal number of parameters based on bounding surface plasticity [J]. International journal for numerical and analytical methods in geomechanics, 2010, 34 (14): 1512 - 1537.

[175] CUNNINGHAM M R, RIDLEY A M, DINEEN K, et al. The mechanical behaviour of a reconstituted unsaturated silty clay [J]. Géotechnique, 2003, 53 (2): 183 - 194.

[176] TOLL D G. A framework for unsaturated soil behaviour [J]. Géotechnique, 1990, 40 (1): 31-44.

[177] SIVAKUMAR V. A critical state framework for unsaturated soil [D]. Sheffield: University of Sheffield, 1993.

[178] TOLL D G, ONG B H. Critical-state parameters for an unsaturated residual sandy clay [J]. Géotechnique., 2003, 53 (1): 93-103.

[179] TAMAGNINI R. An extended cam-clay model for unsaturated soils with hydraulic hysteresis [J]. Géotechnique, 2004, 54 (3): 223-228.

[180] GENS A. Soil-environment interactions in geotechnical engineering [J]. Géotechnique, 2015, 60 (1): 3-74.

[181] SHARMA R S. Mechanical behaviour of unsaturated highly expansive clays [D]. Oxford: University of Oxford, 1998.

[182] SHENG D, ZHOU A. Coupling hydraulic with mechanical models for unsaturated soils [J]. Canadian geotechnical journal, 2011, 48 (5): 826-840.

[183] SHENG D. Review of fundamental principles in modelling unsaturated soil behaviour [J]. Computers and geotechnics, 2011, 38 (6): 757-776.

[184] MUALEM Y. A new model for predicting the hydraulic conductivity of unsaturated porous media [J]. Water resources research, 1976, 12 (3): 513-522.

[185] LI X S. Modelling of hysteresis response for arbitrary wetting/drying paths [J]. Computers and geotechnics, 2005, 32 (2): 133-137.

[186] PEDROSO D M, SHENG D, ZHAO J. The concept of reference curves for constitutive modelling in soil mechanics [J]. Computers and geotechnics, 2009, 36 (1): 149-165.

[187] SUN D A, SUN W, XIANG L. Effect of degree of saturation on mechanical behaviour of unsaturated soils and its elastoplastic simulation [J]. Computers and geotechnics, 2010, 37 (5): 678-688.

[188] SUN D A, SHENG D, XIANG L, et al. Elastoplastic prediction of hydro-mechanical behaviour of unsaturated soils under undrained conditions [J]. Computers and geotechnics, 2008, 35 (6): 845-852.

[189] UZUOKA R, UNNO T, SENTO N, et al. Effect of pore air pressure on cyclic behavior of unsaturated sandy soil [C] //Proceedings of the 6th International Conference on Unsaturated Soils. Sydney, NSW, Australia: Taylor and Francis - Balkema, 2014: 783 - 789.

[190] SCHREFLER B A. Mechanics and thermodynamics of saturated/unsaturated porous materials and quantitative solutions [J]. Applied mechanics reviews, 2002, 55 (4): 351 - 388.

[191] DAFALIAS Y F. Bounding surface plasticity. I: mathematical foundation and hypoplasticity [J]. Journal of engineering mechanics, 1986, 112 (9): 966 - 987.

[192] HASHIGUCHI K. Subloading surface model in unconventional plasticity [J]. International journal of solids and structures, 1989, 25 (8): 917 - 945.

[193] YAO Y P, HOU W, ZHOU A N. UH model: three-dimensional unified hardening model for overconsolidated clays [J]. Géotechnique, 2009, 59 (5): 451 - 469.

[194] KOHGO Y, ASANO I, HAYASHIDA Y. An elastoplastic model for unsaturated rockfills and its simulations of laboratory tests [J]. Soils and foundations, 2011, 47 (5): 919 - 929.

[195] YAO Y P, NIU L, CUI W J. Unified hardening (UH) model for overconsolidated unsaturated soils [J]. Canadian geotechnical journal, 2014, 51 (7): 810 - 821.

[196] ZHANG F, YE B, NODA T, et al. Explanation of cyclic mobility of soils: approach by stress-induced anisotropy [J]. Soils and foundations, 2011, 47 (4): 635 - 648.

[197] ZHOU A, SHENG D. An advanced hydro - mechanical constitutive model for unsaturated soils with different initial densities [J]. Computers and geotechnics, 2015, 63: 46 - 66.

[198] KRIEG R D, KRIEG D B. Accuracies of numerical solution methods for the elastic - perfectly plastic model [J]. Journal of pressure vessel technology, 1977, 99 (4): 510 - 515.

[199] SIMO J C, TAYLOR R L. Consistent tangent operators for rate-independent elastoplasticity [J]. Computer methods in applied mechanics and engineering, 1985, 48 (1): 101-118.

[200] VAUNAT J, CANTE J C, LEDESMA A, et al. A stress point algorithm for an elastoplastic model in unsaturated soils [J]. International journal of plasticity, 2000, 16 (2): 121-141.

[201] ZHANG H W, SCHREFLER B A, BORST R D, et al. Implicit integration of a generalized plasticity constitutive model for partially saturated soil [J]. Engineering computations, 2001, 18 (1/2): 314-336.

[202] HOYOS L R, ARDUINO P. Implicit algorithm for modeling unsaturated soil response in three-invariant stress space [J]. International journal of geomechanics, 2008, 8 (4): 266-273.

[203] 刘艳，韦昌富，房倩，等．非饱和土水-力本构模型及其隐式积分算法 [J]．岩土力学，2014 (2): 365-370.

[204] 姚仰平，牛雷，崔文杰，等．超固结非饱和土的本构关系 [J]．岩土工程学报，2011, 33 (6): 833-839.

[205] 林鸿州，李广信，于玉贞，等．基质吸力对非饱和土抗剪强度的影响 [J]．岩土力学，2007 (9): 1931-1936.

[206] 戚国庆，黄润秋．基质吸力变化引起的体积应变研究 [J]．工程地质学报，2015 (3): 491-497.

[207] GEISER F, LALOUI L, VULLIET L. Elasto-plasticity of unsaturated soils: laboratory test results on a remoulded silt [J]. Soils and foundations, 2006, 46 (5): 545-556.

[208] INTERNATIONAL A. Standard practice for classification of soils for engineering purposes (Unified Soil Classification System) [S]. West conshohocken: 2006.

[209] BIOT M A. Theory of finite deformations of pourous solids [J]. Indiana University mathematics journal, 1972, 21 (21): 597-620.

[210] MEROI E A, SCHREFLER B A, ZIENKIEWICZ O C. Large strain static and dynamic semisaturated soil behaviour [J]. International journal for numerical and analytical methods in geomechanics, 2010, 19 (2): 81-106.

[211] SCHREFLER B A, SCOTTA R. A fully coupled dynamic model for two-phase fluid flow in deformable porous media [J] . Computer methods in applied mechanics and engineering, 2001, 190 (24): 3223-3246.

[212] RAVICHANDRAN N. Fully coupled finite element model for dynamics of partially saturated soils [J] . Soil dynamics and earthquake engineering, 2009, 29 (9): 1294-1304.

[213] RAVICHANDRAN N, MURALEETHARAN K K. Dynamics of unsaturated soils using various finite element formulations [J]. International journal for numerical and analytical methods in geomechanics, 2009, 33 (5): 611-631.

[214] UZUOKA R, BORJA R I. Dynamics of unsaturated poroelastic solids at finite strain [J] . International journal for numerical and analytical methods in geomechanics, 2012, 36 (13): 1535-1573.

[215] DE BOER R. Contemporary progress in porous media theory [J] . Applied mechanics reviews, 2000, 53 (12): 323-370.

[216] HASSANIZADEH S M, GRAY W G. Mechanics and thermodynamics of multiphase flow in porous media including interphase boundaries [J]. Advances in water resources, 1990, 13 (4): 169-186.

[217] LIAKOPOULOS A C. Transient flow through unsaturated porous media [D] . Berkeley: University of California, 1964.